Trigonometrie
für Maschinenbauer und Elektrotechniker

Ein Lehr- und Aufgabenbuch für den Unterricht
und zum Selbststudium

Von

Dr. Adolf Hess

ehemals Professor am kantonalen Technikum in Winterthur

Achtzehnte Auflage

Mit 119 Abbildungen

Springer-Verlag

Berlin / Göttingen / Heidelberg / New York

1965

ISBN-13: 978-3-540-03328-8   e-ISBN-13: 978-3-642-92900-7
DOI: 10.1007/978-3-642-92900-7

Aus dem Vorwort zur ersten Auflage.

In diesem Lehrbuch der Trigonometrie wird auf das Rechnen mit den natürlichen Werten der trigonometrischen Funktionen das Hauptgewicht gelegt. Der praktische Ingenieur rechnet tatsächlich fast einzig und allein mit den numerischen Werten; zudem ist es auch methodisch entschieden besser, die Aufmerksamkeit des Schülers direkt auf die trigonometrischen Funktionen zu lenken, statt auf eine zweite Funktion, den Logarithmus, dieser Größen. Jeder, der die Rechnung mit den natürlichen Werten beherrscht, wird sich übrigens im Gebiete ihrer Logarithmen leicht zurechtfinden. Bei vielen Aufgaben kommt man mit Hilfe des Rechenschiebers zu genügend genauen Ergebnissen. Wird eine größere Genauigkeit verlangt, dann kann man sich mit großem Vorteil der abgekürzten Rechnungsarten bedienen.

Sodann wurde auch auf die zeichnerische Darstellung der trig. Funktionen besonderes Gewicht gelegt. Der Verlauf der trig. Funktionen, die Interpolation, die Auflösung goniometrischer Gleichungen, die Kombination mehrerer Sinusfunktionen usw. lassen sich an Hand von Kurven wohl am klarsten darlegen. Die bezüglichen Textabbildungen sind vom Verlage in sehr dankenswerter Weise sorgfältig und maßstäblich richtig ausgeführt worden.

Im letzten Paragraphen wird die Sinuskurve, die für den Elektrotechniker und den Maschinenbauer von besonderer Wichtigkeit ist, etwas eingehender behandelt, und zwar werden hauptsächlich die geometrischen Eigenschaften der Kurve, im Anschluß an die gleichförmige Drehung eines Vektors um eine Achse entwickelt.

Das eigentlich Theoretische bildet nur einen kleinen Teil des Buches. Die zahlreichen Übungsaufgaben sind fast durchweg dem Ideenkreis des Technikers entnommen und mit Ergebnissen versehen. „Das Lebendige der Mathematik, die wichtigsten Anregungen, ihre Wirksamkeit beruhen ja durchaus auf den Anwendungen, d. h. auf den Wechselbeziehungen der rein logischen Dinge zu allen anderen Gebieten. Die Anwendungen aus der Mathematik verbannen, wäre ebenso, als wenn man das Wesen des lebenden Tieres im Knochengerüst allein finden wollte, ohne Muskeln, Nerven und Gefäße zu betrachten"[1]. Man vermißt vielleicht in dem Buche eine streng wissenschaftliche Systematik; aber man bedenke, daß es für junge Leute mit geringer mathematischer Vorbildung geschrieben wurde, für Leute, die oft jahrelang im praktischen Leben standen und nun ihre Kenntnisse an einer technischen Mittelschule oder durch Selbststudium erweitern wollen. Solchen Leuten darf man nicht „von Anfang an mit einer kalten, wissenschaftlich aufgeputzten Systematik ins Gesicht springen"[2]. Der Stoff ist methodisch angeordnet; nur wenige Kapitel sind ganz ausführlich behandelt; überall wird dem Studierenden reichlich Gelegenheit zu eigener, nutzbringender Arbeit geboten.

Die achtzehnte Auflage stimmt mit der siebzehnten überein.

Zürich, im Herbst 1964.

Der Verfasser.

---

[1] Nach Felix Klein: Elementarmathematik vom höheren Standpunkt aus, I. Teil, S. 39. Leipzig.
[2] Ebenda, S. 589.

Inhaltsverzeichnis.

§ 1. Definition der trigonometrischen Funktionen eines spitzen Winkels.

Wir wählen auf dem einen Schenkel eines spitzen Winkels α (Abb. 1) beliebige Punkte B, B_1, B_2 ... und fällen von ihnen Lote BC, B_1C_1, B_2C_2 ... auf den anderen Schenkel. Die dadurch entstandenen rechtwinkligen Dreiecke ABC, AB_1C_1, AB_2C_2... sind ähnlich. Daher sind die Quotienten aus den Längen gleichliegender Seiten für alle Dreiecke gleich. Es ist also

$$\frac{BC}{AB} = \frac{B_1C_1}{AB_1} = \frac{B_2C_2}{AB_2}$$

$$\frac{BC}{AC} = \frac{B_1C_1}{AC_1} = \frac{B_2C_2}{AC_2}$$

$$\frac{AC}{AB} = \frac{AC_1}{AB_1} = \frac{AC_2}{AB_2}$$

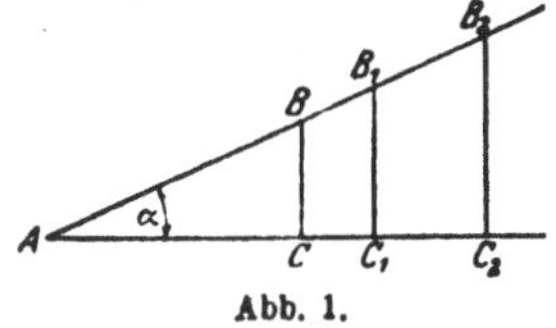

Abb. 1.

Die Werte dieser Verhältnisse sind nur abhängig von der Form des Dreiecks, nicht aber von dem Maßstab, in dem das Dreieck gezeichnet ist. Die Form des Dreiecks ist durch den Winkel α festgelegt. Erst eine Änderung des Winkels bewirkt eine Änderung jener Brüche.

Man nennt in der Mathematik jede Größe, die von einer andern gesetzmäßig abhängig ist, eine **Funktion** dieser andern Größe. So ist z. B. der Inhalt eines Kreises eine Funktion des Halbmessers; die Höhe eines Tones ist eine Funktion der Schwingungszahlen. Dementsprechend nennt man jene Seitenverhältnisse $AC:AB$ usw. **Funktionen des Winkels** (α) oder **goniometrische**, auch **trigonometrische Funktionen**. (Goniometrie = Winkelmessung; Trigonometrie = Dreiecksmessung.)

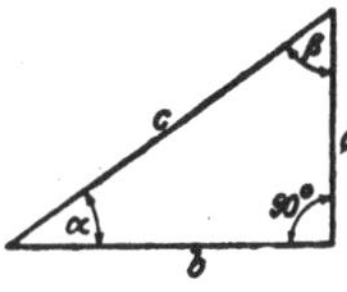

Abb. 2.

In Abb. 2 ist ein beliebiges rechtwinkliges Dreieck mit den spitzen Winkeln α und β gezeichnet. Für die oben erwähnten Verhältnisse der Dreiecksseiten hat man die folgenden Bezeichnungen eingeführt:

1. Der Sinus (abgekürzt sin) eines spitzen Winkels ist das Verhältnis der diesem Winkel gegenüberliegenden Kathete zur Hypotenuse (Abb. 2).

$$\sin \alpha = \frac{a}{c} = \frac{\text{Gegenkathete}}{\text{Hypotenuse}}.$$

2. Der Kosinus (cos) eines spitzen Winkels ist das Verhältnis der dem Winkel anliegenden Kathete zur Hypotenuse.

$$\cos \alpha = \frac{b}{c} = \frac{\text{Ankathete}}{\text{Hypotenuse}}.$$

3. Der Tangens (oder die Tangente, abgekürzt tg) eines spitzen Winkels ist das Verhältnis der gegenüberliegenden zur anliegenden Kathete.

$$\operatorname{tg} \alpha = \frac{a}{b} = \frac{\text{Gegenkathete}}{\text{Ankathete}}.$$

4. Der Kotangens (ctg) eines spitzen Winkels ist das Verhältnis der anliegenden zur gegenüberliegenden Kathete.

$$\operatorname{ctg} \alpha = \frac{b}{a} = \frac{\text{Ankathete}}{\text{Gegenkathete}}.$$

Außer diesen vier Funktionen gibt es noch zwei andere, die wir aber später nicht benutzen werden, nämlich:

5. Der Sekans (die Sekante; sec) ist das Verhältnis der Hypotenuse zur anliegenden Kathete:

$$\sec \alpha = \frac{1}{\cos \alpha} = \frac{c}{b} = \frac{\text{Hypotenuse}}{\text{Ankathete}}.$$

6. Der Kosekans (cosec) ist das Verhältnis der Hypotenuse zur Gegenkathete:

$$\operatorname{cosec} \alpha = \frac{1}{\sin \alpha} = \frac{c}{a} = \frac{\text{Hypotenuse}}{\text{Gegenkathete}}.$$

Die Größen Sinus, Kosinus, Tangens und Kotangens sind, als Quotienten zweier Längen, **unbenannte Zahlen**. Wird daher irgendeine Größe mit einer dieser Funktionen multipliziert oder durch eine der Funktionen dividiert, so ändert sich die Dimension dieser Größe nicht. So ist z, B. eine „Kraft" multipliziert mit dem Kosinus eines Winkels wieder eine „Kraft"; eine „Länge" dividiert durch einen Sinus gibt wieder eine „Länge".

Übungen.

Es bedeuten im folgenden immer: a und b die Katheten, c die Hypotenuse. α liegt a gegenüber, wie in der Abb. 2.

1. Es sei $a = 4$ cm; $b = 3$ cm; berechne die trigonometrischen Funktionen des Winkels α.

Man berechnet $c = \sqrt{4^2 + 3^2} = 5$ cm. Daher ist

$$\sin \alpha = 4:5 = 0{,}8000 \qquad \text{tg } \alpha = 4:3 = 1{,}333$$
$$\cos \alpha = 3:5 = 0{,}6000 \qquad \text{ctg } \alpha = 3:4 = 0{,}7500.$$

Genau die gleichen Werte erhält man, wenn $a = 4$ km, $b = 3$ km oder $a = 16$ m und $b = 12$ m ist.

2. Dieselbe Aufgabe für $a = 28$; $b = 45$ cm. Man findet:

$$\sin \alpha = 0{,}5283; \ \cos \alpha = 0{,}8491; \ \text{tg } \alpha = 0{,}6222; \ \text{ctg } \alpha = 1{,}607.$$

3. Ist irgendein trigonometrischer Wert eines Winkels gegeben, so kann man den Winkel zeichnen.

Ist z. B. tg $\alpha = 0{,}8$, dann zeichnet man ein rechtwinkliges Dreieck mit dem Kathetenverhältnis $a:b = 0{,}8$. Man wählt also z. B. $a = 8$; $b = 10$ cm oder $a = 4$; $b = 5$ cm. Diese Dreiecke enthalten den Winkel α.

Man zeichne α aus tg $\alpha = 1{,}6$ und bestimme aus der Zeichnung $\sin \alpha$, $\cos \alpha$. Man findet $\sin \alpha = 0{,}85$; $\cos \alpha = 0{,}53$.

Zeichne die Winkel α aus

$$\text{tg } \alpha = 1; \ \text{tg } \alpha = 0{,}2; \ 0{,}4; \ 0{,}6; \ \sin \alpha = 0{,}5; \ \cos \alpha = 0{,}5; \ \cos \alpha = 0{,}25;$$
$$\sin \alpha = 1{,}2! \ (\text{unmöglich}).$$

Komplementwinkel. Kofunktionen. Die Funktionen von Winkeln, deren Summe 90^0 beträgt, stehen in einem einfachen Zusammenhange. In Abb. 2 ist $\beta = 90 - \alpha$, und es ist

$$\sin \alpha = a:c = \cos \beta = \cos (90 - \alpha)$$
$$\cos \alpha = b:c = \sin \beta = \sin (90 - \alpha)$$
$$\text{tg } \alpha = a:b = \text{ctg } \beta = \text{ctg } (90 - \alpha)$$
$$\text{ctg } \alpha = b:a = \text{tg } \beta = \text{tg } (90 - \alpha)$$

Unter Weglassung der Zwischenglieder erhält man die wichtigen Gleichungen:

$$\sin \alpha = \cos (90 - \alpha)$$
$$\cos \alpha = \sin (90 - \alpha)$$
$$\text{tg } \alpha = \text{ctg } (90 - \alpha)$$
$$\text{ctg } \alpha = \text{tg } (90 - \alpha) \quad \text{d. h.}$$

Sind zwei Winkel zusammen 90^0, d. h. sind die Winkel komplementär, so sind die Funktionen (sin, cos, tg, ctg) des einen gleich den entsprechenden Kofunktionen (cos, sin, ctg, tg) des andern. Man nennt nämlich Kosinus die Kofunktion des Sinus und umgekehrt Sinus die Kofunktion von Kosinus. Ähnlich ist es mit den beiden andern Funktionen Tangens und Kotangens.

So ist z. B.:

$$\sin 60^0 = \cos 30^0 \qquad\qquad \text{tg } 25^0 = \text{ctg } 65^0$$
$$\sin 45^0 = \cos 45^0 \qquad\qquad \cos (45^0 - \alpha) = \sin (45^0 + \alpha).$$

Geschichtliches[1]. Die Aufstellung der Sinusfunktion verdankt man den Indern. Die älteren griechischen Astronomen, wie Hipparch und Ptolemäus, benutzten zur Rechnung die Sehnen des Bogens, welcher zum Winkel gehört. Die Inder gebrauchten für sinus und cosinus die Wörter ardhajyâ bzw. kotijyâ (jyâ = Sehne). Bei den Arabern wurde aus jyâ das Wort dschiba, später dschaib (= Busen, Bausch, Tasche). Das lateinische sinus ist nur eine wörtliche Übersetzung der arabischen Bezeichnung. Während die Inder für den cosinus eine Bezeichnung hatten, sucht man bei den Arabern und den Mathematikern des Abendlandes bis zum 16. Jahrhundert vergeblich nach einer solchen. Seit Mitte des 15. Jahrhunderts spricht man vom sinus complementi (also vom Sinus des Komplements); die Schreibart cosinus wird erst seit 1620 benutzt. Die Tangens- und Kotangensfunktion verdankt man dem Araber Al Battani († 929, Damaskus).

§ 2. Geometrische Veranschaulichung der Funktionen durch Strecken am Einheitskreise.

Alle trigonometrischen Werte eines beliebigen Winkels lassen sich in sehr einfacher Weise durch Strecken veranschaulichen. In Abb. 3 sei α der gegebene Winkel; wir schlagen um den Scheitel A einen Kreisbogen mit der Längeneinheit als Halbmesser, den Einheitskreis, und ziehen in den Punkten D und G die Tangenten. Aus der Abbildung ergeben sich dann die Gleichungen:

$$\sin \alpha = \frac{BC}{AB} = \frac{BC}{1} = BC \qquad\qquad\qquad \sin \alpha = BC$$

$$\cos \alpha = \frac{AC}{AB} = \frac{AC}{1} = AC \left\{ \begin{array}{c} \text{unter Weglassung} \\ \text{der Zwischenglieder} \end{array} \right\} \cos \alpha = AC$$

$$\text{tg } \alpha = \frac{DE}{AD} = \frac{DE}{1} = DE \qquad\qquad\qquad \text{tg } \alpha = DE$$

$$\text{ctg } \alpha = \frac{FG}{AG} = \frac{FG}{1} = FG \qquad\qquad\qquad \text{ctg } \alpha = GF.$$

In dieser Abbildung sind die trig. Werte durch Strecken dargestellt, während im vorhergehenden Paragraphen ausdrücklich darauf hingewiesen wurde, daß die trig. Werte reine Zahlen sind. In Wirklichkeit haben wir

---

[1] Diese und alle weiteren geschichtlichen Bemerkungen sind dem 2. Bande der „Geschichte der Elementarmathematik", Leipzig 1903, von Tropfke entnommen. Siehe auch Felix Klein: Die Elementarmathematik vom höhern Standpunkt aus. Bd. 1.

es auch hier mit Verhältniszahlen zu tun. Nur die Bruchform ist verschwunden, weil durch die besondere Wahl der Dreiecke der Nenner zur Einheit wurde. Wenn der Halbmesser des Kreises 1 ist, dann stimmen die den Strecken BC, AC usw. zukommenden Maßzahlen mit den entsprechenden trig. Werten überein. Die Strecken veranschaulichen die trigonometrischen Zahlen.

Dreht man in Abb. 3 den beweglichen Schenkel AF um A in andere Stellungen, so ändert sich der Winkel α, und mit ihm ändern sich auch die trigonometrischen Werte. Jedem beliebigen Winkel α sind vier bestimmte Funktionswerte zugeordnet, die durch die Strecken BC, AC, DE und GF veranschaulicht werden. Wir wollen nun an Hand der Abb. 3 den Verlauf jeder einzelnen

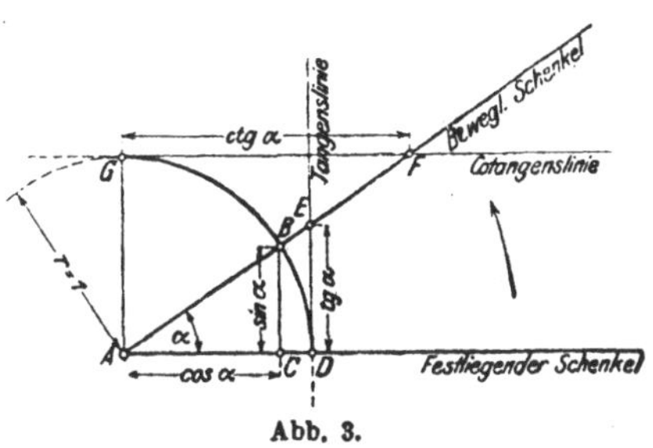

Abb. 3.

Funktion verfolgen, wenn der Winkel α von 0° bis 90° wächst.

a) Die Funktion Sinus (Abb. 4). Der Viertelkreis der Abb. 3 ist in Abb. 4 in etwas größerem Maßstabe links nochmals gezeichnet. Die Teilpunkte auf dem Kreisbogen gehören zu den Winkeln $\alpha = 0°$, 10°, 20°, ... 90°. Die einzelnen Stellungen des beweglichen Schenkels sind nicht mehr gezeichnet, wohl aber die den Sinus messenden Lote. Um einen klaren Einblick in die Beziehungen zwischen Winkel und Sinus zu erhalten, lösen wir die Lote vom Einheitskreis los und tragen sie (rechts davon) in gleichen Abständen (entsprechend einer gleichmäßigen Zunahme des Winkels um 10°) als Lote (Ordinaten) zu einer horizontalen Geraden ab. Die Endpunkte dieser Ordinaten verbinden wir durch eine stetige Kurve, die wir das geometrische Bild der Funktion Sinus oder die Sinuskurve nennen. Man zeichne die Abb. 4 auf Millimeterpapier; den Halbmesser wählt man passend von 10 cm Länge; die Strecken 0°—10°; 10°—20°; usf. mögen je die Länge 1 cm haben. Was lehrt uns die Abbildung?

Die Kurve steigt, d. h.: Nimmt der Winkel von 0° bis 90° zu, dann wächst auch sein Sinus, und zwar von 0 bis 1. In der Nähe von 0° ist die Zunahme rascher als in der Nähe von 90°. Man vergleiche in der Abbildung die Zunahmen

a und *b*, die einem Wachsen des Winkels von 10⁰ auf 20⁰ bzw.
von 70⁰ auf 80⁰ entsprechen. Winkel und Sinus sind nicht proportional. So ist z. B. sin 60⁰ nicht 2·sin 30⁰.

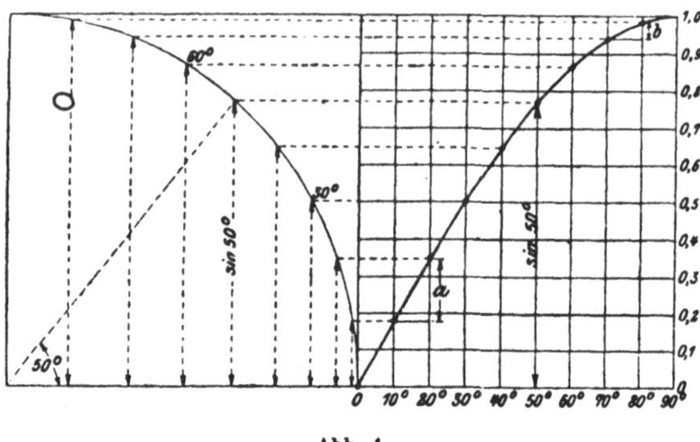

Abb. 4.

b) Die Funktion Kosinus (Abb. 5). In der Abb. 3 ist der
Kosinus des Winkels α durch die horizontale Strecke *AC* dargestellt. In Abb. 5 sind die Kosinuswerte im Viertelkreis wieder

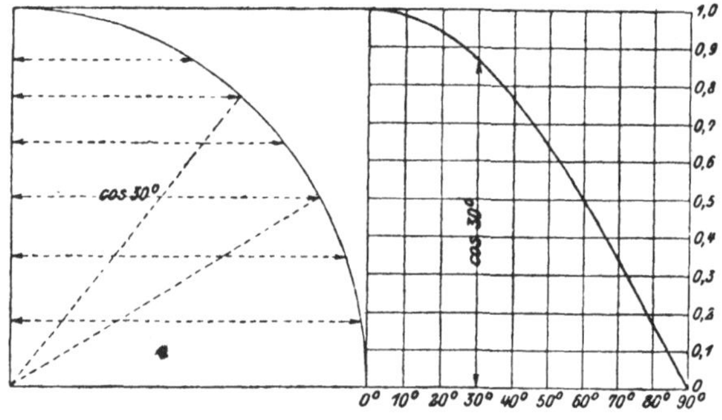

Abb. 5.

für die Winkel von 10⁰ zu 10⁰ eingezeichnet und rechts davon
als Ordinaten abgetragen. Es entsteht auf diese Weise die Kosinuskurve. Die Kurve fällt, d. h. die Funktion Kosinus
nimmt von 1 bis 0 ab, wenn der Winkel von 0⁰ bis 90⁰
wächst. Die Funktion Kosinus durchläuft die gleichen Zahlen-

werte wie die Funktion Sinus, nur in umgekehrter Reihenfolge;
es ist ja cos α = sin (90 — α).

Sinus und Kosinus sind immer echte Brüche, d. h.
sie können nur Werte zwischen 0 und 1 annehmen.
Diese besondern Grenzwerte 0 und 1 erreichen sie nur für 0⁰
und 90⁰. Eigentlich hat man für 0⁰ und 90⁰ gar kein rechtwinkliges Dreieck mehr, aber man trifft doch die, auch durch die Abbildungen nahegelegte Festsetzung

$$\sin 0^0 = 0 \qquad \sin 90^0 = 1$$
$$\cos 0^0 = 1 \qquad \cos 90^0 = 0 \,.$$

c) Die Funktionen Tangens und Kotangens (Abb. 6).
Tangens und Kotangens werden in der Abb. 3 durch die Tan-
gentenabschnitte DE
und GF gemessen. Für
einen kleinen Winkel α
ist tg α auch klein,
mit wachsendem Win-
kel wird der Abschnitt
DE immer größer und
größer. Für 90⁰ wird
DE größer als jede
noch so große angeb-
bare endliche Strecke,
man sagt: tg 90⁰ ist
unendlich (∞). Die
Kotangenswerte sind

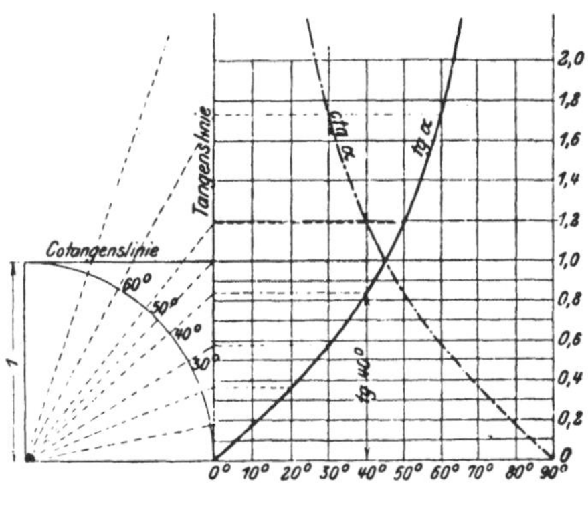

Abb. 6.

für kleine Winkel sehr groß, mit wachsendem Winkel wird die
Strecke GF immer kleiner und kleiner und schließlich für 90⁰ wird
ctg 90⁰ = 0. Trägt man die einzelnen Tangens- und Kotangenswerte wieder als Lote zu einer horizontalen Geraden ab, so entsteht die Tangens- bzw. Kotangenskurve. Die Abbildung
lehrt uns:

Die Funktion Tangens nimmt von 0 bis ∞ zu, die
Funktion Kotangens von ∞ bis 0 ab, wenn der Winkel
von 0⁰ bis 90⁰ wächst. Während den Funktionen Sinus und
Kosinus nur ein beschränktes Zahlengebiet (zwischen 0 und 1)
zugewiesen ist, können die Funktionen Tangens und Kotangens jeden beliebigen Zahlenwert annehmen.

Jedem Wert zwischen 0 und ∞ entspricht ein Tangens eines bestimmten Winkels zwischen 0^0 und 90^0 und umgekehrt. Den echten Brüchen entsprechen die Tangenswerte für Winkel zwischen 0^0 und 45^0.

§ 3. Trigonometrische Werte für einige besondere Winkel. Tabellen. Skalen am Rechenschieber.

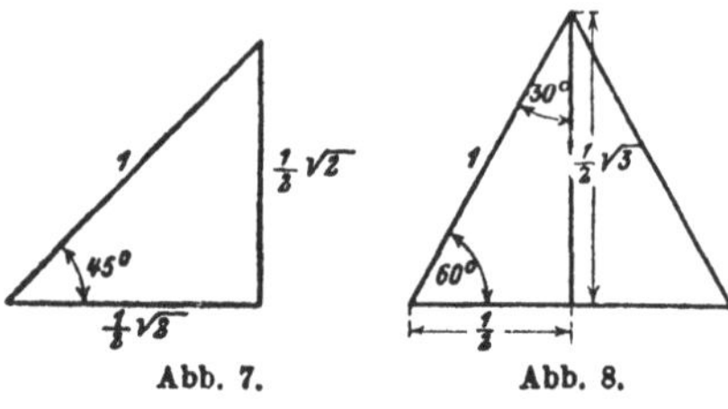

Abb. 7.   Abb. 8.

Die trigonometrischen Werte der Winkel 30^0, 45^0, 60^0 lassen sich leicht berechnen (Abb. 7 und 8).

45^0. Dieser Winkel kommt in jedem gleichschenklig rechtwinkligen Dreieck vor. Wählt man die Hypotenuse gleich der Längeneinheit, dann haben die Katheten die Längen $\frac{1}{2}\sqrt{2}$; daraus folgt:

$$\sin 45^0 = \frac{1}{2}\sqrt{2} = 0{,}7071 = \cos 45^0$$
$$\operatorname{tg} 45^0 = 1 = \operatorname{ctg} 45^0.$$

30^0 und 60^0. Diese Winkel sind vorhanden in den rechtwinkligen Dreiecken, in die ein gleichseitiges Dreieck durch eine Höhe zerlegt wird. Wählt man die Seite des gleichseitigen Dreiecks als Längeneinheit, so erhält man für die Katheten des rechtwinkligen Dreiecks die Längen $\frac{1}{2}$ bzw. $\frac{1}{2}\sqrt{3}$. Daher ist:

$$\sin 30^0 = \cos 60^0 = \frac{1}{2} : 1 = \frac{1}{2} = 0{,}5000$$
$$\cos 30^0 = \sin 60^0 = \frac{1}{2}\sqrt{3} = 0{,}8660$$
$$\operatorname{tg} 30^0 = \operatorname{ctg} 60^0 = \frac{1}{2} : \frac{1}{2}\sqrt{3} = \frac{1}{3}\sqrt{3} = 0{,}5774$$
$$\operatorname{ctg} 30^0 = \operatorname{tg} 60^0 = \frac{1}{2}\sqrt{3} : \frac{1}{2} = \sqrt{3} = 1{,}7321 .$$

Diese Werte sollte man sich ins Gedächtnis einprägen; sie sind in der nebenstehenden Tabelle nochmals zusammengestellt:

Man beachte: die Sinus- und Tangenswerte nehmen mit wachsendem Winkel zu, die Kosinus- und Kotangenswerte ab. $\sqrt{3}$ spielt nur bei den Winkeln 30^0 und 60^0 eine Rolle. Man prüfe die berechneten Werte an den

	0^0	30^0	45^0	60^0	90^0
sin	0	$\frac{1}{2}$	$\frac{1}{2}\sqrt{2}$	$\frac{1}{2}\sqrt{3}$	1
cos	1	$\frac{1}{2}\sqrt{3}$	$\frac{1}{2}\sqrt{2}$	$\frac{1}{2}$	0
tg	0	$\frac{1}{3}\sqrt{3}$	1	$\sqrt{3}$	∞
ctg	∞	$\sqrt{3}$	1	$\frac{1}{3}\sqrt{3}$	0

auf Millimeterpapier gezeichneten Kurven (Abb. 4, 5 und 6). Aus jenen Abbildungen kann man auch die trigonometrischen Werte für andere Winkel von Grad zu Grad auf 2 Dezimalstellen genau ablesen. Man findet z. B. $\sin 55^0 = 0,82$; $\sin 24^0 = 0,407$; $\cos 70^0 = 0,34$ usf. Diese Werte genügen für genauere Rechnungen selbstverständlich nicht. Am Schlusse des Buches sind Tabellen, in denen die Werte für alle Winkel von 0^0 bis 90^0 von 10 zu 10 Minuten vierstellig angegeben sind.

Gebrauch der Tabellen.

Die in § 1 entwickelten Formeln über Komplementwinkel ermöglichen eine Reduktion der Tabellen auf die Hälfte des Raumes; sie sind so eingerichtet, daß z. B. $\sin 36^0$ und $\cos 54^0$ an der nämlichen Stelle abgelesen werden können. Die Sinustabelle ist gleichzeitig eine Kosinustabelle. Will man einen trigonometrischen Wert für einen bestimmten Winkel aufsuchen, so ermittelt man die Gradzahl links für sin und tg, rechts für cos und ctg und die Minutenzahl oben für sin und tg und unten für cos und ctg. Im Schnittpunkt der durch die Grad- und Minutenzahl bestimmten Reihen steht der gesuchte trigonometrische Wert.

Beispiele: $\quad \sin 20^0 \quad = 0,3420 \qquad \cos 48^0\,30' = 0,6626$
$\cos 20^0 \quad = 0,9397 \qquad \sin 87^0\,20' = 0,9989$
$\operatorname{tg} 36^0\,40' = 0,7445 \qquad \operatorname{tg} 64^0\,50' = 2,128$
$\operatorname{ctg} 17^0\,10' = 3,237 \qquad \operatorname{ctg} 79^0\,20' = 0,1883.$

Ist der Winkel auf die Minuten genau angegeben, so kann man den zu ihm gehörigen trigonometrischen Wert mit Hilfe der Tabellen ebenfalls finden; es ist jedoch hierfür eine Zwischenwertberechnung, eine Interpolation, notwendig. Die folgenden zwei Beispiele sollen das Rechnungsverfahren klarmachen.

Beispiel: Wie groß ist $\sin 26^0\,34'$?
$\sin 26^0\,30'$ (nach der Tabelle) $= 0,4462$. (a)
$\sin 26^0\,40' \quad ,. \qquad ,, \qquad ,, \qquad = 0,4488.$ (b)

Einer Differenz von $10'$ entspricht eine Tafeldifferenz von $4488 - 4462 = 26$ Einheiten der letzten Dezimalstelle.

Einer Differenz von $1'$ entsprechen daher 2,6 Einheiten, und einer solchen von $4'$ somit 10,4 (rund 10) Einheiten der letzten Dezimalstelle.

Diese Korrektur (c) von 10 Einheiten der letzten Dezimalstelle ist zu dem Werte $\sin 26^0\,30' = 0,4462$ zu addieren, da dem größeren Winkel $26^0\,34'$ ein größerer Sinus entspricht; es ist somit $\sin 26^0\,34' = 0,4472$.

Die gleichen Überlegungen gelten auch für die Funktion Tangens.

Beispiel: Wie groß ist $\cos 43^0\,47'$?
$\cos 43^0\,40' = 0,7234.$ (a)
$\cos 43^0\,50' = 0,7214.$ (b)

Tafeldifferenz $=$ 20 Einheiten der letzten Dezimalstelle; dies entspricht einer Zunahme des Winkels um 10′; für sieben Minuten beträgt daher die Korrektur $7 \cdot 2 = 14$. Diese Zahl ist aber von $\cos 43^0\,40' = 0{,}7234$ zu subtrahieren, da dem größeren Winkel ein kleinerer Kosinus entspricht. Es ist also

$$\cos 43^0\,47' = 0{,}7220.$$

Die gleichen Überlegungen gelten auch für die Funktion Kotangens.

Die Interpolation führt man meist im Kopf aus oder man benützt die in einigen Tabellen zur Erleichterung der Rechnung beigefügten Proportionaltäfelchen, in denen die Produkte der einzelnen Minuten mit dem zehnten Teil der Tafeldifferenzen angegeben sind[1].

Zur Erläuterung dieses Interpolationsverfahrens dienen die Abb. 9 und 10, in denen ein Stück einer Sinus- bzw. Kosinuskurve in stark verzerrtem Maßstab gezeichnet ist. Den zwei aufeinander folgenden Tabellenwerten a und b mögen in den Abbildungen die beiden Ordinaten a und b entsprechen, ihr horizontaler Abstand entspreche dem Intervall 10′.

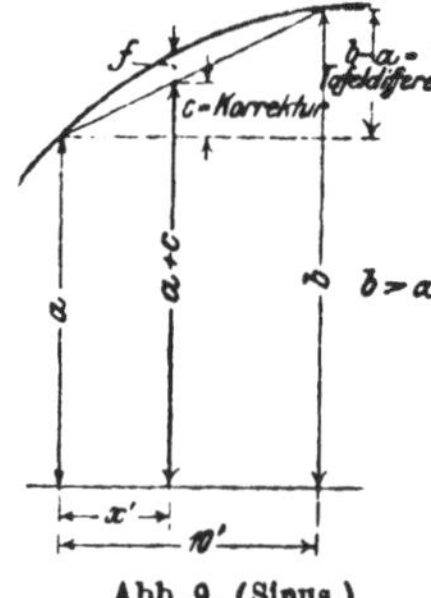

Abb. 9. (Sinus.)

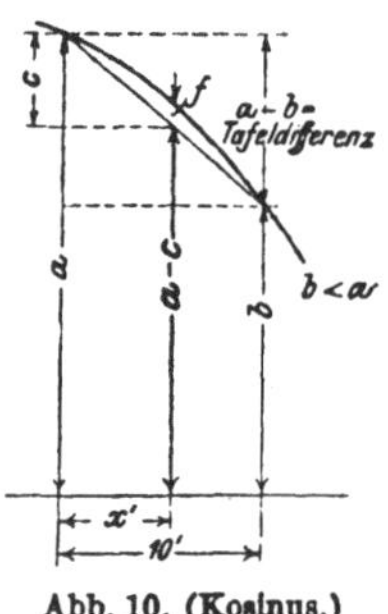

Abb. 10. (Kosinus.)

Aus den Abbildungen ergeben sich die Proportionen:

$$x' : 10' = c : (b - a), \qquad\qquad x' : 10' = c : (a - b),$$

$$\text{Korrektur } c = \frac{b-a}{10} \cdot x. \qquad\qquad \text{Korrektur } c = \frac{a-b}{10} \cdot x.$$

Interpolierter Wert $= a + c$, c wird zu a addiert (Sinus, Tangens). | Interpolierter Wert $= a - c$, c wird von a subtrahiert (Kosinus, Kotangens).

Die zu x' gehörigen trigonometrischen Werte sind aber, genau genommen, gleich $a + c + f$ bzw. $a - c + f$. Bei der Interpolation begeht man also einen Fehler f, indem man nicht die

---

[1] Vgl. z. B. die vierstelligen Tabellen von Gauß.

zu x' gehörige Ordinate der **Kurve**, sondern die der **Sehne** berechnet. Interpoliert man zwischen **zwei aufeinanderfolgenden Tabellenwerten**, so ist der Fehler f so klein, daß er sich in der 4. Dezimalstelle meistens nicht bemerkbar macht, sondern erst in der 5., 6. usw. Man darf also für so kleine Intervalle von 10′ das besprochene Interpolationsverfahren anwenden.

Übungen.

1. Prüfe:

$\sin 38^0\,49' = 0{,}6269$	$\cos 68^0\,12' = 0{,}3714$
$\sin 59^0\,34' = 0{,}8622$	$\cos 75^0\,52' = 0{,}2441$
$\operatorname{tg} 31^0\,46' = 0{,}6192$	$\sin 19^0\,15' = 0{,}3297$
$\operatorname{ctg} 32^0\,54' = 1{,}546$	$\operatorname{ctg} 74^0\,38' = 0{,}2748$
$\operatorname{tg} 26^0\,54' = 0{,}5073$	$\sin 35^0\,36' = 0{,}5821.$

2. Nach der Tabelle ist $\sin 30^0 = 0{,}5000$ und $\sin 40^0 = 0{,}6428$. Berechnet man hieraus durch Interpolation $\sin 35^0$, so erhält man $(0{,}5 + 0{,}6428) : 2 = 0{,}5714$. Der richtige Wert ist aber nach der Tabelle $0{,}5736$. Wie groß ist demnach der sich aus der Interpolation ergebende Fehler f? Warum ist der interpolierte Wert zu klein?

Berechne ebenso aus $\operatorname{tg} 30^0 = 0{,}5774$ und $\operatorname{tg} 40^0 = 0{,}8391$ durch Interpolation den Wert $\operatorname{tg} 35^0$. Warum wird der interpolierte Wert zu groß? (Abb. 6.)

$\sin 40^0 = 0{,}6428$; $\sin 43^0 = 0{,}6820$. Berechne durch Interpolation $\sin 41^0$ und $\sin 42^0$ und vergleiche die Ergebnisse mit den Angaben der Tabelle.

3. Beachte, daß die Sinus- und Tangenswerte für kleine Winkel in den ersten Dezimalstellen übereinstimmen. $\sin 2^0 = ?$, $\operatorname{tg} 2^0 = ?$ Begründe diese Eigentümlichkeit an Hand der Abb. 3.

4. Berechne die folgenden Ausdrücke:

a) $\sin \alpha + \mu \cdot \cos \alpha$, für $\mu = 0{,}1$; $\alpha = 20^0$ $\qquad$ Ergebnis: $0{,}436$

b) $\dfrac{\operatorname{tg} \alpha}{\operatorname{tg}(\alpha + \varrho)}$, für $\alpha = 25^0$; $\varrho = 3^0$ $\qquad$ „ $\quad 0{,}88$

c) $\dfrac{\mu}{\sin 17^0 + \mu \cos 17^0}$, für $\mu = 0{,}1$ $\qquad$ „ $\quad 0{,}26$

d) $\varphi = \dfrac{21}{52} \cdot 180^0$. Wie groß ist $\cos \varphi$? $\qquad$ „ $\quad 0{,}2975$

e) $\dfrac{250}{2 \cdot \cos 63^0\,38'} = ?$ $\qquad$ „ $\quad 281$

f) $\sin^2 50^0 = ?$ $\qquad$ „ $\quad 0{,}5868.$

5. Man ermittle mit Hilfe der Tabelle zu folgenden Funktionswerten den dazugehörigen Winkel.

$\sin \alpha = 0{,}5150$	$\alpha = 31^0$	$\operatorname{ctg} y = 0{,}2836$	$y = 74^0\,10'$
$\sin \alpha = 0{,}9112$	$\alpha = 65^0\,40'$	$\operatorname{ctg} \beta = 1{,}437$	$\beta = 34^0\,50'$

$$\cos \alpha = 0,8124 \qquad \alpha = 35^0\,40' \qquad \cos \varkappa = 0,9261 \qquad x = 22^0\,10'$$
$$\operatorname{tg} \alpha = 3,412 \qquad \alpha = 73^0\,40' \qquad \operatorname{tg} \delta = 0,4557 \qquad \delta = 24^0\,30'$$

Wie man zu verfahren hat, wenn der gegebene Wert in der Tabelle nicht enthalten ist, zeigen die folgenden zwei Beispiele.

1. **Beispiel:** $\qquad \sin \alpha = 0,7364 \qquad \alpha = ?$

Der nächst kleinere Wert in der Tabelle ist 0,7353; er entspricht einem Winkel von 47⁰ 20′. Nun ist sin 47⁰ 30′ = 0,7373. Die Differenz der Tabellenwerte, die „Tafeldifferenz", beträgt somit 7373 — 7353 = 20 Einheiten der letzten Dezimalstelle. Die Differenz zwischen dem kleinern Tabellenwert und dem gegebenen Wert, wir nennen sie „unsere Differenz", beträgt 7364 — 7353 = 11 Einheiten. Den 20 Einheiten entsprechen 10′, somit den · 11 Einheiten $\dfrac{10'}{20} \cdot 11 = 5,5'$. Also ist $\alpha = 47^0\,25,5'$.

2. **Beispiel:** $\qquad \cos a = 0,4911 \qquad \alpha = ?$

Der nächst größere Wert in der Tabelle ist 0,4924; ihm entspricht ein Winkel von 60⁰ 30′. Tafeldifferenz = 4924 — 4899 = 25. Unsere Differenz = 4924 — 4911 = 13. Dieser entsprechen $\dfrac{10'}{25} \cdot 13 = 5,2'$. Somit ist $\alpha = 60^0\,35'$.

Auch hier leisten Proportionaltäfelchen gute Dienste. Man wird für das zweite Beispiel in der mit 25 überschriebenen Tabelle den Wert (rechts) aufsuchen, welcher der Zahl 13 am nächsten kommt. Das ist für 12,5 der Fall. 12,5 entsprechen (links) 5 Minuten.

Weitere Beispiele:

$\sin x = 0,5643$	$x = 34^0 21'$	$\cos \alpha = 0,5647$	$\alpha = 55^0 37'$
$\sin x = 0,8596$	$x = 59^0 16'$	$\sin \alpha = 0,4792$	$28^0 38'$
$\operatorname{tg} x = 3,000$	$x = 71^0 34'$	$\sin \alpha = 0,9440$	$70^0 44'$
$\operatorname{tg} x = 0,7350$	$x = 36^0 19'$	$\sin \alpha = 0,7000$	$44^0 26'$
$\operatorname{tg} \alpha = {}^6/_5$	$\alpha = 50^0 11'$	$\operatorname{ctg} \alpha = 0,5000$	$63^0 26'$
$\operatorname{tg} x = \sqrt{2}$	$x = 54^0 44'$	$\operatorname{tg} \alpha = 0,2300$	$12^0 57'$
$\operatorname{ctg} x = 2,201$	$x = 24^0 26'$	$\cos x = 0,5773$	$x = 54^0 44'$
$\operatorname{ctg} x = 0,7337$	$x = 53^0 44'$	$\cos x = 0,7400$	$42^0 16'$

6. Berechne den Winkel x aus:

$\operatorname{tg} \dfrac{x}{2} = 0,2$	$x = 22^0\,38'$	$\operatorname{tg} 4\,x = 1$	$x = 11^0\,15'$
$\sin 2\,x = 1$	$x = 45^0$	$\sin \dfrac{x}{2} = 0,5$	$x = 60^0$
$4 \sin x = 3,2$	$x = 53^0\,8'$	$5 \cos x = 2$	$x = 66^0\,25'$
$6 \operatorname{tg} x = 7,5$	$x = 51^0\,20$	$7 \operatorname{ctg} x = 42$	$x = 9^0\,28'$
$(1 + \sin x)\,4 = 4,5$	$x = 7^0\,11'$	$0,045 = 0,15\,(1 - \cos x)$	$x = 45^0\,34'$

$$\operatorname{tg} x = \frac{0,84 \cdot \operatorname{tg} 26^0\,15'}{0,034 \cdot 15} \qquad x = 39^0\,5'.$$

7. Berechne α aus $\cos \alpha = \dfrac{a - b}{a + b}$ für $\dfrac{a}{b} = 1,\ 2,\ 3,\ 4,\ 5,\ 10,\ 20$

Ergebnisse: 90⁰; 70⁰32′; 60⁰; 53⁰8′; 48⁰11′; 35⁰6′; 25⁰12′.

8. Konstruktion von Winkeln mit Hilfe der Tangenswerte.
Soll ein Winkel von 35° gezeichnet werden, so entnimmt man der Tabelle
den Wert tg 35° = 0,7002. Nun zeichnet man ein rechtwinkliges Dreieck
mit den Katheten $b = 10$ cm; $a = 7$ cm; dann ist $\alpha = 35$°. Siehe Abb. 3.

Konstruiere die Winkel 7°; 10°30′; 36°; 57°.

Für größere Winkel wählt man praktischer die Kosinuswerte. Zeichne
die Winkel 74°; 81°; 65°20′. In Abb. 3 wird $r = 10$ cm gewählt.

Logarithmen der trigonometrischen Funktionen.

Wer nicht mit Logarithmen rechnen kann, darf diesen Abschnitt übergehen; er wird den weitern Entwicklungen doch folgen können.

Sinus und Kosinus sind echte Brüche; daher sind ihre Logarithmen
negativ. Das trifft auch zu bei Tangens bzw. Kotangens für Winkel von
0° bis 45° bzw. 45° bis 90°. Die Logarithmentafeln (z. B. die fünfstelligen
von Gauß) enthalten für diese Winkel den um $+ 10$ vergrößerten Logarithmus. Um den wahren Wert zu erhalten, muß man von dem Tafelwert 10
subtrahieren. Für die übrigen Winkel sind die Logarithmen vollständig
angegeben. Über die Korrektur gelten die frühern Bemerkungen.

1. log sin 32°28′36″ = ?

Nach der Tabelle ist log sin 32°28′ = 9,72982 — 10.
Tafeldifferenz = 20. Die Korrektur für 30″ ist nach den Proportionaltäfelchen 10,0; für 6″ beträgt sie 2, also für 36″ ist sie 12 Einheiten der
letzten Dezimalstelle. Diese Korrektur wird addiert. Daher

$$\text{log sin } 32°28′36″ = 9{,}72994 - 10.$$

2. log cos 50°38′45″ = ?

Nach der Tabelle ist log cos 50°38′ = 9,80228 — 10, die subtrahiert
wird; somit

$$\text{log cos } 50°38′45″ = 9{,}80217 - 10.$$

3.

log sin 36°24′ = 9,77336 — 10	log sin 65°44′ = 9,95982 — 10
log cos 28°19′ = 9,94465 — 10	log ctg 74°23′ = 9,44641 — 10
log tg 42°41′ = 9,96484 — 10	log cos 84°39′ = 8,96960 — 10
log ctg 11°50′ = 0,67878	log cos 88°35′ = 8,39310 — 10.

4.

log sin 32°19′28″ = 9,72812 — 10	log ctg 60°28′34″ = 9,75307 — 10
log sin 65° 2′44″ = 9,95743 — 10	log sin 28° 0′48″ = 9,67180 — 10
log tg 28°44′27″ = 9,73911 — 10	log ctg 5°39′15″ = 1,00434
log cos 27°18′26″ = 9,94868 — 10	log tg 14°48′25″ = 9,42216 — 10

5.

log sin x = 9,63636 — 10	$x = 25°39′$
log sin x = 9,97435 — 10	$x = 70°30′$
log tg x = 0,24002	$x = 60°05′$
log ctg x = 0,00758	$x = 44°30′$
log sin x = 9,69240 — 10	$x = 29°30′16″$
log sin x = 9,80000 — 10	$x = 39° 7′15″$
log tg x = 9,74900 — 10	$x = 29°17′40″$
log cos α = 9,97482 — 10	$\alpha = 19°19′24″$

$$\log \text{ctg } \beta = 9{,}75180 - 10 \qquad\qquad \beta = 60^0 32' 52''$$
$$\log \text{ tg } x = 0{,}28344 \qquad\qquad\qquad x = 62^0 29' 44''$$
$$\log \cos x = 8{,}24600 - 10 \qquad\qquad x = 88^0 59' 25''$$

6. Aus dem Logarithmus eines trig. Wertes kann natürlich der trig. Wert auch gefunden werden. So folgt aus:

$$\log \sin x = 9{,}43842 - 10 = 0{,}43842 - 1 \qquad \sin x = 0{,}27442$$
$$\log \cos \alpha = 9{,}83556 - 10 \qquad\qquad\qquad\quad \cos \alpha = 0{,}68480.$$

Die trigonometrischen Skalen am Rechenschieber.

Auch dieser Abschnitt kann übergangen werden. Es mögen bezeichnen:

A die Teilung auf der obern Hälfte der Staboberfläche,
B „ „ „ „ untern „ „ „ } Stab.
L und *R* die zwei Ausschnitte an der Unterfläche des
Stabes, *L* links, *R* rechts.

a die Teilung auf der obern Hälfte der Zunge, } Zunge.
b „ „ „ „ untern „ „ „

Es folgen also von oben nach unten die Teilungen *A*, *a*, *b*, *B* aufeinander. Auf der Rückseite der Zunge befinden sich die trigonometrischen Teilungen *S* (Sinus) und *T* (Tangens).

Sinus und Kosinus. Es gibt so verschiedene Anordnungen der Skalen, daß es unmöglich ist, hier alle zu erwähnen. Immerhin sollen die folgenden Ausführungen so gemacht werden, daß sich jeder an seinem Rechenschieber leicht zurechtfinden kann. Man ziehe den Schieber (die Zunge) rechts einmal so weit heraus, bis auf der Rückseite der Winkel 30⁰ der *S*-Teilung auf die obere Marke des Einschnittes *R* eingestellt ist. $\sin 30^0 = 0{,}5$. Diesen Wert liest man nun auf *b* rechts über dem Endstrich von *B* ab. (Es gibt Fabrikate, bei denen man diesen Wert auf *a* rechts unter dem Endstrich von *A* abliest. Wer einen solchen Rechenschieber besitzt, hat im folgenden stets *b* mit *a* und *B* mit *A* zu vertauschen.)

Prüfe: $\sin 21^0 = 0{,}358$ $\sin \alpha = 0{,}6$ $\alpha = 36^0 50'$
          $\sin \ 8^0 = 0{,}139 \,(2)$ $\sin \alpha = 0{,}242$ $\alpha = 14^0$
     $\sin 74^0 30' = 0{,}964$ $\sin \alpha = 0{,}97$ $\alpha = 76^0$
     $\sin 36^0 40' = 0{,}597$ $\sin \alpha = 0{,}434$ $\alpha = 25^0 40'.$

Die *S*-Teilung liefert auch die Kosinuswerte entsprechend der Formel

$$\cos \alpha = \sin (90 - \alpha).$$

$\cos 40^0 = \sin 50^0 = 0{,}766$ $\cos \alpha = 0{,}420 = \sin (90 - \alpha)$, also
$\cos 35^0 40' = \sin 54^0 20' = 0{,}812$ $90 - \alpha = 24^0 50'; \ \alpha = 65^0 10'.$

Auch die reziproken Werte von Sinus und Kosinus, also die Werte $1 : \sin \alpha$ und $1 : \cos \alpha$ können mit den nämlichen Einstellungen abgelesen werden. Die reziproken Werte sind natürlich stets größer als 1. Stellt man die Marke bei *R* z. B. auf 21⁰ der *S*-Teilung, dann liest man auf *B* unter dem Anfangsstrich (links) von *b* den Wert 2,79 ab.

$$1 : \sin 34^0 = 1.79 \qquad\qquad 1 : \cos 72^0 = 1 : \sin 18^0 = 3,23\ (6)$$
$$1 : \sin 55^0 = 1,22 \qquad\qquad 1 : \cos 25^0 = 1 : \sin 65^0 = 1,10.$$

Weitere Beispiele:

1. $58,2 \cdot \sin 32^0 = ?$ — Nachdem $\sin 32^0$ eingestellt ist, liest man über 58,2 von B auf b den Wert 30,8 ab.

2. $32 \cdot \cos 68^0 = ?$ — Man stellt $\sin 22^0$ ein; über 32 von B liest man auf b den Wert 12 ab.

3. $34 : \sin 28^0 = ?$ — Nachdem $1 : \sin 28^0$ eingestellt ist, liest man unter 34 von b auf B den Wert 72,4 ab.

4. $85 : \sin 40^0 = ?$ — $1 : \sin 40^0$ wird eingestellt. Man verschiebt den Läufer nach links über den Endpunkt von b; stellt den Endstrich (rechts) von b auf diese Marke ein und liest unter 85 von b auf B den Wert 132 ab.

Tangens und Kotangens. Für diese Funktionen benutzt man die Teilung T und den Einschnitt L (links). Um z. B. $\mathrm{tg}\ 16^0$ zu erhalten, zieht man den Schieber links so weit heraus, bis auf der Rückseite der Winkel 16^0 der T-Teilung eingestellt ist. Dann liest man auf b links über dem Anfangsstrich von B den Wert $0,287 = \mathrm{tg}\ 16^0$ ab. Auf diese Weise kann man alle Tangenswerte für Winkel von $5^0 44'$ bis 45^0 bestimmen. Da aber $\mathrm{ctg}\ \alpha = 1 : \mathrm{tg}\ \alpha$ ist, kann man mit den nämlichen Einstellungen auch die Kotangenswerte dieses Winkels rechts auf B unter dem Endstrich von b ablesen. So ist z. B. $\mathrm{ctg}\ 16^0 = 3,49.$

$$\mathrm{tg}\ 38^0 40' = 0,800 \qquad \mathrm{tg}\ \alpha = 0,543 \qquad \alpha = 28^0 30'$$
$$\mathrm{tg}\ 40^0 20' = 0,849 \qquad \mathrm{tg}\ \alpha = 0,435 \qquad \alpha = 23^0 30'$$
$$\mathrm{ctg}\ 22^0 \quad\ = 2,475 \qquad \mathrm{ctg}\ \alpha = 2,56 \qquad \alpha = 21^0 20'$$
$$\mathrm{ctg}\ 10^0 50' = 5,225 \qquad \mathrm{ctg}\ \alpha = 1,20 \qquad \alpha = 39^0 50'.$$

Für Winkel zwischen $5^0 44'$ und 45^0 liegen die Tangenswerte zwischen 0,1 und 1 und die Kotangenswerte daher zwischen 10 und 1.

Da $\mathrm{tg}\ \alpha = \mathrm{ctg}\ (90 - \alpha)$ und $\mathrm{ctg}\ \alpha = \mathrm{tg}\ (90 - \alpha)$ ist, findet man leicht auch die **Tangens- und Kotangenswerte für Winkel über 45^0.**

$$\mathrm{tg}\ 60^0 = \mathrm{ctg}\ 30^0 = 1,732 \qquad\qquad \mathrm{ctg}\ 72^0 30' = \mathrm{tg}\ 17^0 30' = 0,315.$$

Weitere Beispiele:

1. $\mathrm{tg}\ \alpha = 2,00\ \ \alpha = ?$ — α ist größer als 45^0; $\mathrm{ctg}\ (90 - \alpha) = 2,0$ liefert $90 - \alpha = 26^0 30'$, daher $\alpha = 63^0 30'.$

2. $\mathrm{ctg}\ \alpha = 0,28\ \ \alpha = ?$ — α ist größer als 45^0; $\mathrm{tg}\ (90 - \alpha) = 0,28$ liefert $90 - \alpha = 15^0 40$, daher $\alpha = 74^0 20'.$

3. $15,2 \cdot \mathrm{tg}\ 26^0 40' = ?$ — Stellt man $\mathrm{tg}\ 26^0 40'$ ein, dann liest man über 15,2 von B auf b den Wert 7,63 a

4. $15,2 \cdot \mathrm{ctg}\ 26^0 40' = ?$ — Da man unter 15,2 von b auf B ablesen soll, muß man zuerst den Läufer über den Endstrich von b bringen und dann den Schieber nach rechts ziehen, bis der Anfangsstrich von b an der durch den Läufer markierten Stelle steht. Man findet das Ergebnis 30,2.

Kleine Winkel. Für Winkel unter $5^0 44'$ ist auf vielen Rechenschiebern eine gemeinsame Teilung (S und T) für Sinus und Tangens vorhanden. Für so kleine Winkel stimmen nämlich die Sinus- und Tangenswerte bis auf 3 Dezimalstellen überein. (Siehe Aufgabe 60, § 5.) Die Funktionswerte liegen für diese gemeinsame Skala zwischen 0,01 und 0,1 und werden genau wie die übrigen Werte mit Hilfe der Skalen b und B ermittelt. Eingestellt wird auf die untere Marke R.

$\sin 3^0 = 0{,}0523 = \mathrm{tg}\ 3^0$	$\sin \alpha = 0{,}0345$	$\alpha = 1^0 58{,}5'$
$\sin 1^0 6' = 0{,}0192 = \mathrm{tg}\ 1^0 6'$	$\mathrm{tg}\ \alpha = 0{,}0294$	$\alpha = 1^0 41'$
$\mathrm{ctg}\ 88^0 = \mathrm{tg}\ 2^0 = 0{,}0349$	$\mathrm{tg}\ \alpha = 0{,}0736$	$\alpha = 4^0 12'$.

Auf Rechenschiebern, denen die gemeinsame Teilung (S und T) fehlt, ist die Sinusteilung bis zu 35' fortgeführt. Für kleine Winkel benutzt man für die Tangenswerte dann einfach die Sinuswerte. $\mathrm{tg}\ \alpha = \sin \alpha$.

Steckt man den Schieber umgekehrt in den Stab, so daß auf der Vorderfläche des Rechenschiebers die Teilungen $ASTB$ untereinander liegen, dann kann man, sofern die Anfangsstriche sämtlicher Teilungen aufeinander eingestellt sind, unter jedem Wert der S-Teilung auf B den zugehörigen Sinuswert, unter jedem Werte der T-Teilung auf B den zugehörigen Tangenswert ablesen. Auf A befinden sich die Werte $\sin^2 \alpha$ und $\mathrm{tg}^2 \alpha$.

Geschichtliches. Die trig. Tafeln haben eine interessante Geschichte.

Der griechische Astronom Ptolemaeus (um 150 n. Chr.) berechnete eine Sehnentafel, welche von 30' zu 30' fortschreitet. Sie liefert nicht den Sinus eines Winkels, sondern die zu seinem Bogen gehörige Sehne. Die Tafel enthält bereits Differenzen für Interpolationen.

Der Araber Al Battani († 929) unternahm eine Neubearbeitung der ptol. Tafeln mit Ersetzung der Sehnen durch die Halbsehnen, also durch den Sinus selbst. Ihm verdankt man auch die älteste Kotangententafel. Jahrhundertelang zehrte das Abendland von den reichen wissenschaftlichen Schätzen der indischen und arabischen Gelehrten.

Eine vollständige Neuberechnung des trig. Zahlenmaterials unternahm der hochbegabte Wiener Gelehrte Regiomontanus (1436—1476). Er berechnete mehrere Tabellen. Die trig. Zahlen sind nicht für den Einheitskreis, sondern für einen Kreis mit dem Halbmesser 6 000 000 und in einer späteren Tafel für einen Kreis mit dem Halbmesser 10 000 000 berechnet. Diese letztere Tafel ist insofern wichtig, als sie den Übergang von dem Sexagesimalsystem der Araber zum Dezimalsystem bildet. Die Tafeln wurden erst lange nach dem Tode Regiomontanus' gedruckt. In Unkenntnis der von Regiomontanus geleisteten Arbeit hat auch Nikolaus Koppernikus (1473—1543) selbständig eine kleine trig. Tafel berechnet. Er begeisterte seinen jüngeren Mitarbeiter Rhaeticus (1514—1596), aus dem Vorarlbergischen, zur Berechnung einer eigenen, auch für astronomische Zwecke genügenden Tafel. Sie enthielt die Werte der trig. Funktionen 10 stellig von 10''' zu 10''. In diesen Tabellen wurden zum erstenmal die Komplementwinkel am Fuße der Seiten mit rechts am Rande angegebenen Minuten angegeben. Das gewaltige Tafelwerk konnte nur durch finanzielle Unterstützung des Kurfürsten Friedrich IV. von der Pfalz gedruckt werden und erhielt ihm zu Ehren den Titel „opus palatinum". Rhaeticus erlebte die

Herausgabe seines Werkes nicht mehr. Eine verbesserte Neuausgabe dieser Tafeln besorgte Pitiscus (1561—1613), der Kaplan des pfälz. Kurfürsten. Diese 1613 als „Thesaurus mathematicus" herausgegebenen Tafeln enthalten die trig. Werte von 10″ zu 10″ und 15stellig. Dieses Werk bildet die Grundlage für alle trig. Tafeln der Zukunft.

Um einen richtigen Begriff von der zur Berechnung der Tafeln erforderlichen Riesenarbeit zu erhalten, muß man bedenken, daß fast alle die genannten Tafeln mit Hilfe der Formeln

$$\sin\frac{\alpha}{2} = \sqrt{\frac{1-\cos\alpha}{2}} \quad \text{und} \quad \cos\frac{\alpha}{2} = \sqrt{\frac{1+\cos\alpha}{2}}.$$

und durch Interpolation berechnet wurden. Die Sinus- und Kosinus-Reihen waren damals noch nicht bekannt, und die ersten Logarithmentafeln erschienen erst ein Jahr nach der Drucklegung des Tafelwerks von Pitiscus.

Die Erfindung der Logarithmen durch den Schweizer Jobst Bürgi (1552—1632) aus Lichtensteig und den Engländer Neper (1550—1617) führte eine völlige Umgestaltung der trig. Tafeln herbei, indem statt der trig. Zahlen deren Logarithmen in den Tafeln aufgenommen wurden. Die heutige Form der Tafeln stammt von dem Engländer Henry Briggs (1556—1630), der die „künstlichen" Logarithmen (Basis 10) der natürlichen Zahlen und der trigonometrischen Linien berechnete. Von den zahlreichen Tafeln, die seit jener Zeit entstanden sind, sei nur noch die berühmteste, der „Thesaurus logarithmorum completus" erwähnt, den der österreichische Artillerieoffizier Vega 1794 herausgab. Er enthält die 10stelligen Logarithmen der natürlichen und der trig. Zahlen.

§ 4. Beziehungen zwischen den Funktionen des nämlichen Winkels.

Bevor wir zu Anwendungen unserer bisherigen Kenntnisse der Trigonometrie übergehen, wollen wir noch einige wichtige Beziehungen zwischen den Funktionen des nämlichen Winkels ableiten. Wir gehen dazu am bequemsten von den Linien des Einheitskreises aus.

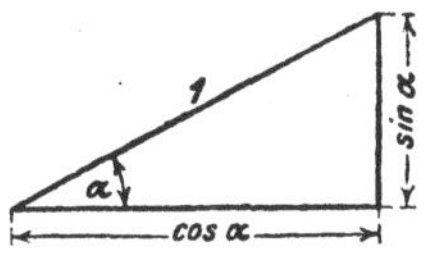

Aus Abb. 11 folgt nach dem pythagoreischen Lehrsatz:

$$\sin^2\alpha + \cos^2\alpha = 1, \tag{1}$$

Abb. 11.

d. h. das Quadrat des Sinus und das Quadrat des Kosinus des nämlichen Winkels geben zur Summe stets 1.

Die nämliche Abbildung liefert

$$\operatorname{tg}\alpha = \frac{\sin\alpha}{\cos\alpha}, \qquad \operatorname{ctg}\alpha = \frac{\cos\alpha}{\sin\alpha}, \tag{2}$$

d. h. Tangens ist der Quotient aus Sinus durch Kosinus, Kotangens ist der Quotient aus Kosinus durch Sinus.

Bildet man das Produkt der Gleichungen (2), so erhält man

$$\operatorname{tg}\alpha\cdot\operatorname{ctg}\alpha=\frac{\sin\alpha}{\cos\alpha}\cdot\frac{\cos\alpha}{\sin\alpha}=1\,,$$

$$\operatorname{tg}\alpha\cdot\operatorname{ctg}\alpha=1\quad\text{oder}\qquad\begin{aligned}\operatorname{tg}\alpha&=\frac{1}{\operatorname{ctg}\alpha}\\[2mm]\operatorname{ctg}\alpha&=\frac{1}{\operatorname{tg}\alpha}.\end{aligned}\qquad(3)$$

Tangens und Kotangens eines Winkels sind reziproke Werte, sie geben zum Produkt stets 1.

Dividiert man Gleichung (1) durch $\cos^2\alpha$ bzw. $\sin^2\alpha$ und berücksichtigt die Gleichungen (2), so erhält man

$$1+\operatorname{tg}^2\alpha=\frac{1}{\cos^2\alpha}\quad\text{bzw.}$$

$$1+\operatorname{ctg}^2\alpha=\frac{1}{\sin^2\alpha}.\qquad(4)$$

Übungen.

1. Man leite die Formeln 1 bis 4 direkt aus einem beliebigen rechtwinkligen Dreieck mit den Seiten a, b, c ab.

2. Man nehme irgendwelche Werte aus den Tabellen, z. B. $\sin 25^0$ und $\cos 25^0$. Ist tatsächlich $\sin^2 25 + \cos^2 25 = 1$? $\operatorname{tg} 25^0 = \sin 25^0 : \cos 25^0$? $1 + \operatorname{tg}^2 45^0 = 1 : \cos^2 45$? usw.

3. Beweise die Richtigkeit der folgenden Formeln:

$$\text{a)}\ \frac{\sin\alpha+\cos\alpha}{\sin\alpha-\cos\alpha}=\frac{\operatorname{tg}\alpha+1}{\operatorname{tg}\alpha-1}=\frac{1+\operatorname{ctg}\alpha}{1-\operatorname{ctg}\alpha}\,,$$

$$\text{b)}\ \cos\alpha=\sqrt{(1+\sin\alpha)(1-\sin\alpha)}\,,\qquad \text{c)}\ \frac{\sin^2\alpha-\cos^2\alpha}{\sin\alpha\cdot\cos\alpha}=\operatorname{tg}\alpha-\operatorname{ctg}\alpha.$$

4. In den folgenden Gleichungen bedeutet x einen zwischen 0^0 und 90^0 liegenden Winkel. Will man x bestimmen, so formt man die Gleichungen mit Hilfe der Formeln 1 bis 4 um, bis sie nur noch ei ne Funktion enthalten, löst dann nach dieser Funktion auf und bestimmt x mit Hilfe der Tabelle.

Beispiel: $\sin x = 2\cdot\cos x$; man dividiert durch $\cos x$
$\qquad\qquad\operatorname{tg} x = 2$; daher ist
$\qquad\qquad x = 63^0 26'$.

Man mache die Probe durch Einsetzen der Werte $\sin x$ und $\cos x$ in die erste Gleichung.

Weitere Beispiele:

$3\sin x = 4\cos x$ Ergebnis: $x = 53^0 8'$
$4{,}5\ \operatorname{tg} x = 5\sin x$,, $x = \ \ 0^0$ oder $x = 25^0 50'$
$3\operatorname{ctg} x = 7\cos x$,, $x = 90^0$,, $x = 25^0 23'$.

5. a) Berechne die Größen R und α aus den beiden Gleichungen

$$20 = R \cos \alpha$$
$$21 = R \sin \alpha.$$

Durch Quadrieren und Addieren der Gleichungen findet man $R = 29$; durch Dividieren $\alpha = 46^0 23'$.

b) Beweise: aus

$$\left.\begin{array}{l} P_1 = R \cos \alpha \\ P_2 = R \sin \alpha \end{array}\right\} \text{ folgt } R = \sqrt{P_1^2 + P_2^2} \text{ und tg } \alpha = \frac{P_2}{P_1}.$$

c) Aus $\left.\begin{array}{l} x = a \cos \alpha \\ y = b \sin \alpha \end{array}\right\}$ folgt $\dfrac{x^2}{a^2} + \dfrac{y^2}{b^2} = 1$.

d) Aus $\left.\begin{array}{l} c = a \sin \alpha - b \cos \alpha \\ 0 = a \cos \alpha + b \sin \alpha \end{array}\right\}$ folgt $c = \sqrt{a^2 + b^2}$,

e) Löse die Gleichungen
$$x = x_1 \cos \alpha - y_1 \sin \alpha$$
$$y = x_1 \sin \alpha + y_1 \cos \alpha$$

nach x_1 und y_1 auf. Man findet

$$x_1 = x \cos \alpha + y \sin \alpha$$
$$y_1 = - x \sin \alpha + y \cos \alpha.$$

Das Folgende kann ohne Beeinträchtigung des Späteren vorläufig überschlagen werden.

Aus einer einzigen trig. Funktion eines Winkels lassen sich alle übrigen Funktionen dieses Winkels berechnen. Will man z. B. aus sin α die Funktionen cos α, tg α und ctg α berechnen, so geht man von dem Dreieck am Einheitskreis aus (Abb. 3), das den Winkel α und den Sinus als Kathete enthält. Entsprechend für jede andere Funktion.

$$\left.\begin{array}{l} \cos \alpha = \sqrt{1 - \sin^2 \alpha}, \\[2mm] \text{tg } \alpha = \dfrac{\sin \alpha}{\sqrt{1 - \sin^2 \alpha}}, \\[2mm] \text{ctg } \alpha = \dfrac{\sqrt{1 - \sin^2 \alpha}}{\sin \alpha}. \end{array}\right\}$$

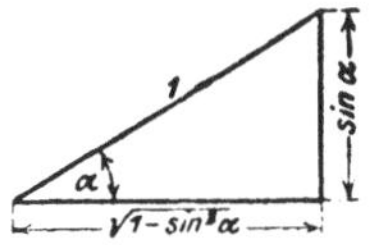

Abb. 12.

$$\left.\begin{array}{l} \sin \alpha = \sqrt{1 - \cos^2 \alpha}, \\[2mm] \text{tg } \alpha = \dfrac{\sqrt{1 - \cos^2 \alpha}}{\cos \alpha}, \\[2mm] \text{ctg } \alpha = \dfrac{\cos \alpha}{\sqrt{1 - \cos^2 \alpha}}. \end{array}\right\}$$

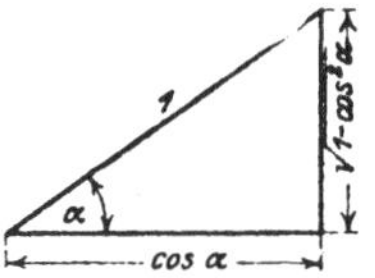

Abb. 13.

$$\sin\alpha = \frac{\operatorname{tg}\alpha}{\sqrt{1+\operatorname{tg}^2\alpha}},$$

$$\cos\alpha = \frac{1}{\sqrt{1+\operatorname{tg}^2\alpha}},$$

$$\operatorname{ctg}\alpha = \frac{1}{\operatorname{tg}\alpha}.$$

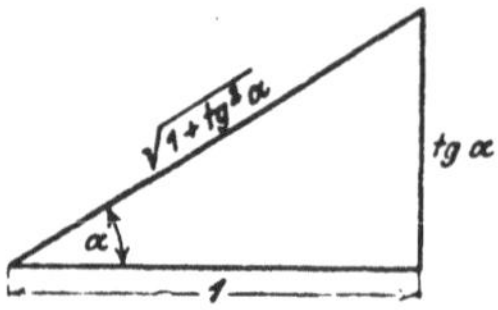

Abb. 14.

$$\sin\alpha = \frac{1}{\sqrt{1+\operatorname{ctg}^2\alpha}},$$

$$\cos\alpha = \frac{\operatorname{ctg}\alpha}{\sqrt{1+\operatorname{ctg}^2\alpha}},$$

$$\operatorname{tg}\alpha = \frac{1}{\operatorname{ctg}\alpha}.$$

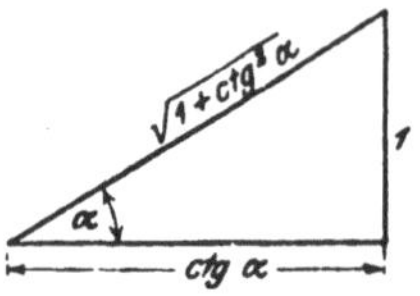

Abb. 15.

Übungen.

1. Leite die obigen Formeln auch aus den Formeln 1 bis 4 ab.
2. Berechne (ohne Tabelle) die übrigen Funktionen

$$\text{aus } \sin x = \qquad \text{a) } 0{,}5 \qquad \text{b) } 0{,}8 \qquad \text{c) } \frac{1}{3} \qquad \text{d) } m$$

$$\text{,, } \cos x = \qquad \text{a) } 0{,}8 \qquad \text{b) } 0{,}4 \qquad \text{c) } \frac{20}{29} \qquad \text{d) } m$$

$$\text{,, } \operatorname{tg} x = \qquad \text{a) } 0{,}75 \qquad \text{b) } \frac{5}{12} \qquad \text{c) } \sqrt{3} \qquad \text{d) } m$$

und prüfe die Ergebnisse nachträglich mit Hilfe der Tabelle.

3. Beweise: Ist $\operatorname{tg}\alpha = \dfrac{a}{b}$, dann ist $\sin\alpha = \dfrac{a}{\sqrt{a^2+b^2}}$; $\cos\alpha = \dfrac{b}{\sqrt{a^2+b^2}}$.

§ 5. Berechnung des rechtwinkligen Dreiecks.

Ein rechtwinkliges Dreieck ist bestimmt durch zwei Seiten oder durch eine Seite und einen der spitzen Winkel. Daher gibt es die folgenden vier Grundaufgaben (Abb. 16):

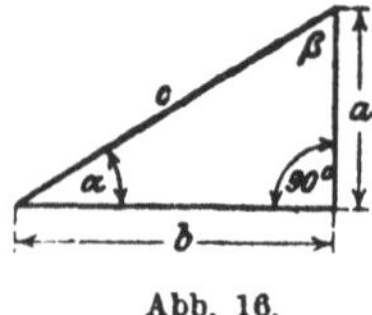

Abb. 16.

1. Aufgabe. Gegeben: die beiden Katheten a und b.

Gesucht: die Hypotenuse und die beiden Winkel.

Lösung[1]: Nach dem pythagoreischen Lehrsatz ist

---

[1] Eine andere Lösung liefert Aufgabe 2, § 6.

$$c = \sqrt{a^2 + b^2};$$ der Winkel α bestimmt sich aus $\operatorname{tg}\alpha = a:b$, oder β aus $\operatorname{tg}\beta = b:a$; $\alpha + \beta = 90^0$.

Beispiel: Für $a = 80$ cm; $b = 50$ cm wird

$$c = \sqrt{80^2 + 50^2} = \sqrt{8900} = 94{,}34 \text{ cm}.$$

$\operatorname{tg}\alpha = 80:50 = 1{,}600$; hieraus $\alpha = 58^0$, $\beta = 90 - \alpha$.

2. Aufgabe. Gegeben: die Hypotenuse und eine Kathete, z. B. a. Gesucht: die andere Kathete und die beiden Winkel.

Lösung: Es ist $b = \sqrt{c^2 - a^2}$. α bestimmt sich aus $\sin\alpha = a:c$.

Beispiel: Für $c = 8$ cm; $a = 3$ cm wird

$$b = \sqrt{8^2 - 3^2} = \sqrt{55} = 7{,}42 \text{ cm}.$$

$\sin\alpha = 3:8 = 0{,}3750$; hieraus $\alpha = 22^0 1{,}5'$ und $\beta = 67^0 58{,}5'$.

3. Aufgabe. Gegeben: die Hypotenuse und ein spitzer Winkel, z. B. α. Gesucht: die Katheten a und b.

Lösung: Es ist $\sin\alpha = a:c$ und $\cos\alpha = b:c$; hieraus folgt durch Multiplikation mit c

$$a = c \cdot \sin\alpha \quad \text{und} \quad b = c \cdot \cos\alpha, \quad \text{d. h.}$$

eine Kathete ist gleich der Hypotenuse, multipliziert mit dem Sinus des Gegen- oder dem Kosinus des Anwinkels.

Beispiel: Für $c = 5{,}73$ m und $\alpha = 28^0$ wird

$$a = 5{,}73 \cdot \sin 28^0 = 5{,}73 \cdot 0{,}4695 = 2{,}690 \text{ m}$$
$$b = 5{,}73 \cdot \cos 28^0 = 5{,}73 \cdot 0{,}8829 = 5{,}059 \text{ m}.$$

4. Aufgabe. Gegeben: eine Kathete a und ein spitzer Winkel. Gesucht: die Hypotenuse und die andere Kathete.

Lösung: Gegeben: a und α.	Lösung: Gegeben: a und β.
Es ist $\sin\alpha = a:c$, somit ist $c = a:\sin\alpha$; ferner ist $\operatorname{ctg}\alpha = b:a$; hieraus folgt $b = a \cdot \operatorname{ctg}\alpha$.	Es ist $\cos\beta = a:c$, somit ist $c = a:\cos\beta$; ferner ist $\operatorname{tg}\beta = b:a$; somit ist $b = a \cdot \operatorname{tg}\beta$.

Wir erkennen hieraus:

Die Hypotenuse ist gleich einer Kathete, dividiert durch den Sinus des Gegen- oder den Kosinus des Anwinkels.

Eine Kathete ist gleich der andern Kathete, multipliziert mit dem Tangens des Gegen- oder dem Kotangens des Anwinkels der gesuchten Kathete.

Beispiele: Für $a = 40$ cm; $\alpha = 50^0$ wird
$$c = 40 : \sin 50^0 = 40 : 0{,}7660 = 52{,}22 \text{ cm};$$
$$b = 40 \cdot \operatorname{ctg} 50^0 = 40 \cdot 0{,}8391 = 33{,}56 \text{ cm}.$$

Für $a = 40$ cm; $\beta = 20^0$ wird
$$c = 40 : \cos 20^0 = 40 : 0{,}9397 = 42{,}57 \text{ cm};$$
$$b = 40 \cdot \operatorname{tg} 20^0 = 40 \cdot 0{,}3640 = 14{,}56 \text{ cm}.$$

Man möge sich mit der Lösung dieser Aufgaben und vor allem mit den gesperrt gedruckten Sätzen recht vertraut machen. Zum leichten Einprägen der Sätze mögen die folgenden Bemerkungen dienen.

Die Funktionen Sinus und Kosinus werden nur dann verwendet, wenn die Hypotenuse in der Rechnung eine Rolle spielt. Sinus und Kosinus sind stets echte Brüche. Multiplikation mit diesen Funktionen bewirkt eine Verkleinerung, Division dagegen eine Vergrößerung der gegebenen Größen $\cdot a = c \cdot \sin \alpha$; $b = c \cdot \cos \alpha$; $c = a : \sin \alpha = b : \cos \alpha$! Welche der beiden Funktionen jeweils in Frage kommt, darüber entscheidet die Lage des Winkels gegenüber der Kathete. Gegenwinkel: Sinus. Anwinkel: Kosinus.

Wird eine Kathete aus der andern Kathete und einem spitzen Winkel berechnet, so hat man es nur mit den Funktionen Tangens und Kotangens zu tun. Ob man mit Tangens oder mit Kotangens multiplizieren muß, darüber entscheidet die Lage des Winkels zur gesuchten Kathete. Gegenwinkel: Tangens. Anwinkel: Kotangens.

Die Division durch Tangens oder Kotangens kann immer vermieden werden; denn es ist ja $1 : \operatorname{tg} \alpha = \operatorname{ctg} \alpha$, also z. B. $50 : \operatorname{tg} 20^0 = 50 \operatorname{ctg} 20^0$. Die Multiplikation ist rascher ausgeführt als die Division.

Die meisten Aufgaben, die an den Techniker herantreten, lassen sich 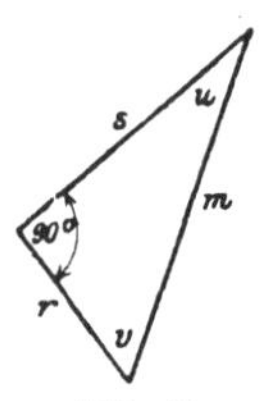 mit Hilfe der wenigen Sätze über das rechtwinklige Dreieck lösen. Man zeichne zur Übung rechtwinklige Dreiecke in allen möglichen Lagen, mit den verschiedensten Bezeichnungen der Seiten und Winkel, greife irgend zwei Stücke, von denen eines eine Seite sein muß, heraus und berechne die übrigen.

In Abb. 17 sei z. B. gegeben m und u. Man schreibt unmittelbar hin $s = m \cdot \cos u$; $r = m \cdot \sin u$. Ist s und u gegeben, so ist $m = s : \cos u$; $r = s \operatorname{tg} u$ usf.

Abb. 17.

Alle Zahlenbeispiele lassen sich natürlich auch mit den Logarithmen berechnen. Für das Beispiel in der dritten Aufgabe möge die Rechnung noch vollständig durchgeführt werden:

Es war
$$a = c \sin \alpha \text{ und } b = c \cdot \cos \alpha,$$

somit ist

$$\log a = \log c + \log \sin \alpha \quad \text{und} \quad \log b = \log c + \log \cos \alpha.$$

Das Rechnungsschema gestaltet sich hiernach so:

Gegeben:	$c = 5{,}73\,m$	$\sin \alpha$	$9{,}67161-10$	I
	$\alpha = 28^0$	c	$0{,}75815$	II
		$\cos \alpha$	$9{,}94593-10$	III
Berechnet:	$a = 2{,}690\,m$	a	$0{,}42976$	I + II
	$b = 5{,}0592\,m$	b	$0{,}70408$	II + III

Im allgemeinen gestalten sich die Rechnungen, bei einfachen Zahlenwerten, einfacher, wenn man unmittelbar mit den Funktionswerten und nicht mit den Logarithmen rechnet, sofern man bei den Rechnungen die abgekürzten Operationen verwendet. Fast alle Beispiele des folgenden Paragraphen sind ohne Logarithmen berechnet worden.

§ 6. Beispiele.

1. Die folgenden Zahlenwerte können zu Übungen über rechtwinklige Dreiecke verwendet werden. Die Bedeutung der Größen ist aus Abb. 16 ersichtlich. J ist der Inhalt des Dreiecks. Man greife irgend zwei voneinander unabhängige Stücke aus einer horizontalen Linie heraus und berechne alle übrigen.

	a		b		c		α	β	J	
a)	30	cm	40	cm	50	cm	$36^0 52'$	$53^0 8'$	600	cm²
b)	32,14	,,	38,30	,,	50	,,	40^0	50^0	615,5	,,
c)	56,88	,,	82,25	,,	100	,,	$34^0 40'$	$55^0 20'$	2339	,,
d)	50	,,	60	,,	78,1	,,	$39^0 48'$	$50^0 12'$	1500	,,
e)	40	,,	42	,,	58	,,	$43^0 36'$	$46^0 24'$	840	,,
f)	33	,,	56	,,	65	,,	$30^0 31'$	$59^0 29'$	924	,,
g)	24	,,	70	,,	74	,,	$18^0 56'$	$71^0 4'$	840	,,
h)	13	,,	84	,,	85	,,	$8^0 48'$	$81^0 12'$	546	,,
i)	45	,,	28	,,	53	,,	$58^0 6'$	$31^0 54'$	630	,,

Berechne in den Beispielen f bis i die zur Hypotenuse gehörige Höhe h des Dreiecks, und zwar

in Beispiel f aus a und α Ergebnis: 28,43 cm
,,   ,,   g ,, b ,, α ,,   22,70 ,,
,,   ,,   h ,, c ,, α ,,   12,85 ,,
,,   ,,   i ,, c ,, β ,,   23,77 ,,

2. Aus der Abb. 18 ergibt sich die folgende, besonders bei Verwendung des Rechenschiebers, einfache Berechnung der Hypotenuse c aus den beiden Katheten a und b

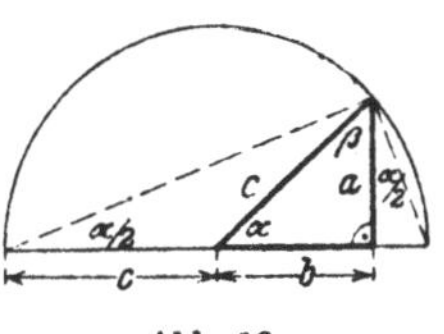

Abb. 18.

$$c = b + a \cdot \operatorname{tg} \frac{\alpha}{2}$$

Ähnlich findet man aus einer entsprechenden Figur

$$c = a + b \cdot \operatorname{tg} \frac{\beta}{2} \; \text{*}.$$

Man verwendet diese Formeln passend so, daß immer die größere Kathete zuerst hingeschrieben wird.

Ist z. B. $a = 80$; $b = 50$ cm, so benutzt man die Form $c = 80 + 50 \operatorname{tg} \dfrac{\beta}{2}$.

Aus $\operatorname{tg} \beta = 50 : 80$ folgt nach dem Rechenschieber $\beta = 32^0$; also $\beta : 2 = 16^0$, somit $c = 80 + 50 \operatorname{tg} 16^0 = 80 + 14{,}3 = 94{,}3$ cm.

Zu $a = 4{,}76$; $b = 8{,}53$ gestaltet sich die Rechnung so: $c = 8{,}53 + 4{,}76 \cdot \operatorname{tg} \dfrac{\alpha}{2}$; $\operatorname{tg} \alpha = 4{,}76 : 8{,}53 = 0{,}558$; somit $\alpha = 29^0 \, 10'$; $\alpha : 2 = 14^0 \, 35'$; $c = 8{,}53 + 1{,}24 = 9{,}77$ m.

3. Jedes gleichschenklige Dreieck wird durch die zur Grundlinie a gehörige Höhe h in zwei kongruente rechtwinklige Dreiecke zerlegt. Die Länge der Schenkel sei b; α sei der Winkel an der Spitze; jeder Winkel an der Grundlinie sei β.

a) Zu $a = 40$ cm, $h = 30$ cm gehört $\beta = 56^0 19'$; $\alpha = 67^0 22'$; $b = 36{,}06$ cm
b) „ $b = 64$ „ $\beta = 73^0$ „ $\alpha = 34^0$; $a = 37{,}43$; $h = 61{,}20$ „
c) „ $h = 70$ „ $\alpha = 108^0$ „ $\beta = 36^0$; $a = 192{,}7$; $b = 119{,}1$ „
d) „ $a = 8{,}42$ „ $\beta = 68^0 20'$ „ $\alpha = 43^0 20$; $b = 11{,}40$; $h = 10{,}60$ „
e) „ $h = 11$ „ $b = 61$ cm „ $\alpha = 159^0 14'$; $\beta = 10^0 23'$; $a = 120$ „
f) „ $a = 24$ „ $b = 37$ „ „ $\alpha = 37^0 50'$; $\beta = 71^0 5'$; $h = 35$ „

Der Anfänger hüte sich vor dem Fehler: $2h \cdot \operatorname{tg} \dfrac{\alpha}{2} = h \operatorname{tg} \alpha$!

4. Es seien a und b die Seiten eines Rechtecks; d sei eine Eckenlinie (Diagonale), α der Winkel zwischen den Eckenlinien.

a) Zu $a = 16$ cm, $b = 7$ cm gehört $\alpha = 47^0 16'$; $d = 17{,}46$ cm; $J = 112$ cm².
b) Zu $a = 8{,}7$ dm, $\alpha = 140^0$ „ $a = 2{,}975$; $b = 8{,}175$ dm; $J = 24{,}32$ dm².
c) Zu $d = 48{,}34$ m, $\alpha = 55^0 48'$ „ $a = 42{,}72$; $b = 22{,}62$ m; $J = 966{,}2$ m².

5. Die Eckenlinien eines Rhombus sind $d = 8$, $D = 12$ cm. Berechne seine Seite s und den Winkel α zwischen den Seiten $(d \lessgtr D)$.

Man findet $s = 7{,}21$ cm, $\alpha = 67^0 23'$.

Zu $s = 36$ cm, $\alpha = 28^0 40'$ berechnet man $d = 17{,}83$; $D = 69{,}76$ cm
„ $d = 70$ „ $\alpha = 132^0 40'$ „ „ $s = 87{,}19$; $D = 159{,}7$ „

6. a und b seien die Seiten eines Parallelogramms (oder beliebigen Dreiecks) und γ sei der von diesen Seiten eingeschlossene Winkel, den wir vorläufig als spitz voraussetzen wollen. Man leite die folgenden Inhaltsformeln ab:

---

* Siehe **Runge** und **König**: Numerisches Rechnen, S. 13. Berlin: Julius Springer 1924.

$J = ab \sin \gamma$ (Inhalt eines Parallelogrammes),

$J = \dfrac{ab}{2} \sin \gamma$ (Inhalt eines Dreiecks).

Die Formeln gelten, wie wir später zeigen werden, auch für stumpfe Winkel γ. Was wird aus den Formeln und den entsprechenden Abbildungen für $\gamma = 90^0$? für $a = b$ und $\gamma = 60^0$? Kleide die obigen Formeln je in einen Satz.

7. Ein Punkt P auf der Halbierungslinie eines Winkels α hat vom Scheitelpunkt O die Entfernung a. Ziehe durch P eine beliebige Gerade; sie schneidet die Schenkel in A und B. Beweise: Ist $OA = x$; $OB = y$,

so ist $\dfrac{1}{x} + \dfrac{1}{y} =$ konstant für jede Gerade durch P.

(Anleitung: Dreieck AOP + Dreieck BOP = Dreieck AOB.)

8. a und b seien die beiden Parallelen eines gleichschenkligen Trapezes ($a > b$). $c =$ Schenkel, $m =$ Mittellinie, $h =$ Höhe, $\alpha = < ac$.

Berechne aus

a) $m = 20$ cm; $c = 5$ cm; $\alpha = 38^0 40'$ die Größen $a = 23{,}9$; $b = 16{,}1$; $h = 3{,}124$ cm,

b) $a = 80$ cm; $b = 50$ cm; $\alpha = 50^0$ die Größen $h = 17{,}88$; $c = 23{,}34$ cm,

c) $m = 50$ cm; $h = 10$ cm; $\alpha = 65^0 32'$ die Größen $a = 54{,}55$; $b = 45{,}45$, $c = 10{,}98$ cm,

d) $a = 20$ cm; $b = 5$ cm; $c = 10$ cm den Winkel $\alpha = 41^0 24{,}5'$.

9. Berechne für die in Abb. 19 gezeichneten Kegelräder, deren Achsen aufeinander senkrecht stehen, die Größen α, x, y, a und b. Ebenso die sogenannten Ersatzhalbmesser R_1 und R_2.

Ergebnisse: $\alpha = 38^0 40'$,
$\quad\quad\quad x = 137{,}5$ mm,
$\quad\quad\quad y = 171{,}9$ „
$\quad\quad\quad a = 31{,}2$ „
$\quad\quad\quad b = 39{,}0$ „
$\quad\quad\quad R_1 = 128{,}0$ „
$\quad\quad\quad R_2 = 200{,}0$ „

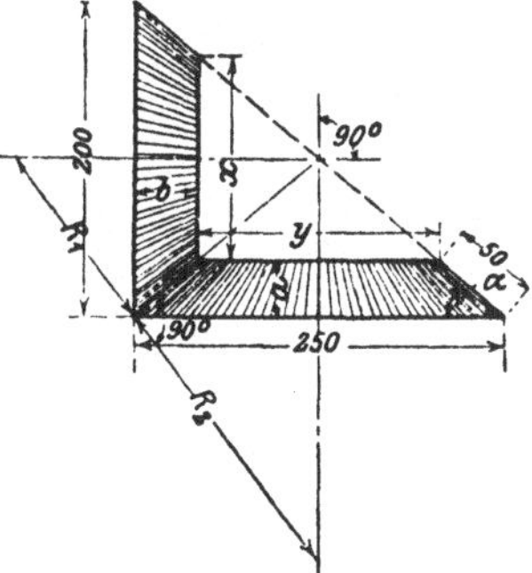

Abb. 19.

10.[1] Berechne den Inhalt J des in Abb. 20 gezeichneten Kanalquerschnitts, sowie den Umfang U des benetzten Querschnitts aus den Größen b, h und α.

Ergebnisse: $J = h(2b - h \operatorname{ctg} \alpha)$; $U = 2\left[b + \dfrac{h}{\sin \alpha}(1 - \cos \alpha)\right]$.

11.[1] Desgleichen für den Querschnitt in Abb. 21 aus b und α oder h und α.

───────

[1] Nach Weyrauch, R.: Hydraulisches Rechnen. 2. Auflage. 1912.

Ergebnisse: $J = b^2 \cdot \sin\alpha \, (2 - \cos\alpha) = \dfrac{h^2}{\sin\alpha} (2 - \cos\alpha),$

$$U = 2b \, (2 - \cos\alpha) = \dfrac{2h}{\sin\alpha} (2 - \cos\alpha).$$

12. Steigt eine gerade Linie g (Straße, Böschung) auf n bzw. 100 Längeneinheiten in horizontaler Richtung, 1 bzw. p Längeneinheiten in verti-

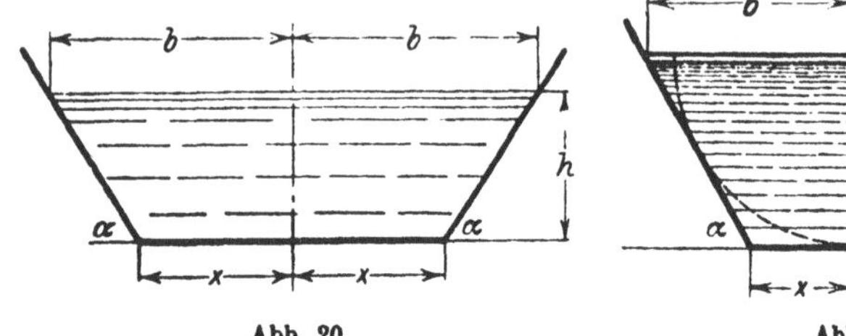

<table>
<tr><td align="center">Abb. 20.</td><td align="center">Abb. 21.</td></tr>
</table>

kaler Richtung, so sagt man, sie habe eine Steigung $1:n$ oder eine Steigung von $p\%$. α heißt der Steigungswinkel. Wie die Abb. 22 zeigt, ist die Steigung oder das Steigungsverhältnis nichts anderes als $\operatorname{tg}\alpha$.

$$\operatorname{tg}\alpha = \frac{1}{n} = \frac{p}{100}.$$

Man schreibt das Steigungsverhältnis gewöhnlich an die Hypotenuse des rechtwinkligen Dreiecks, dessen Katheten sich wie $1:n$ verhalten. — Prüfe: dem Steigungsverhältnis

$1:3$	entspricht der Steigungswinkel	$\alpha = 18^0 26'$
$1:2$	,, ,, ,,	$\alpha = 26^0 34'$
$1:1,5$	,, ,, ,,	$\alpha = 33^0 42'$
$1:1$	,, ,, ,,	$\alpha = 45^0$
$1:0,5$	,, ,, ,,	$\alpha = 63^0 26'$.

Prüfe die folgende Tabelle auf ihre Richtigkeit.

Steigung in Prozenten	10	20	40	60	80	90	100
Steigungswinkel	$5^0 43'$	$11^0 19'$	$21^0 48'$	$30^0 58'$	$38^0 40'$	$41^0 59'$	45^0

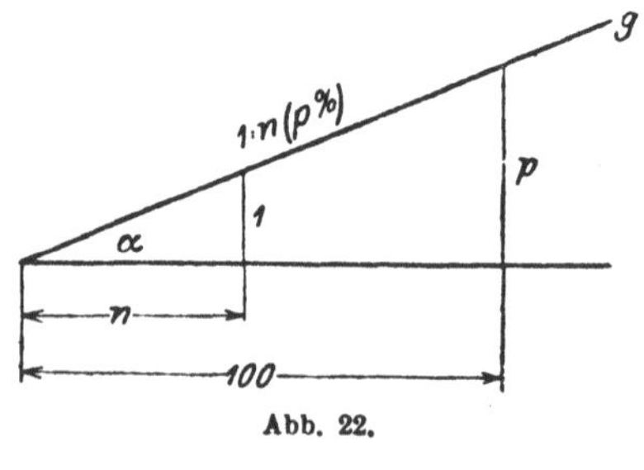

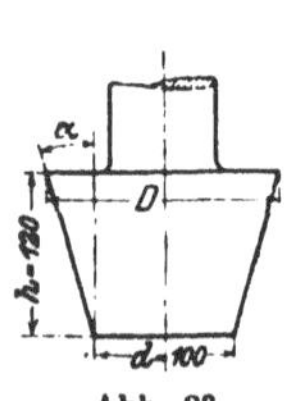

<table>
<tr><td align="center">Abb. 22.</td><td align="center">Abb. 23.</td></tr>
</table>

13. Die Mantellinien des in Abb. 23 gezeichneten konischen Zapfens haben 12% Steigung, d. h. auf 100 mm Höhe vergrößert sich der Halbmesser um 12 mm. Wie groß ist der Steigungswinkel α? Wie groß der Durchmesser D?

Ergebnisse: $\alpha = 6^0 51'$ $D = 128{,}8$ mm.

14. Beweise, daß in dem in Abb. 24 gezeichneten Gewindeprofil der Kantenwinkel $\alpha = 53^0 8'$ beträgt.

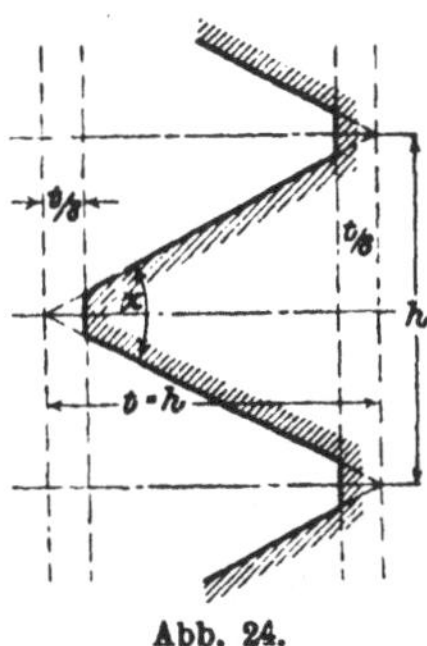
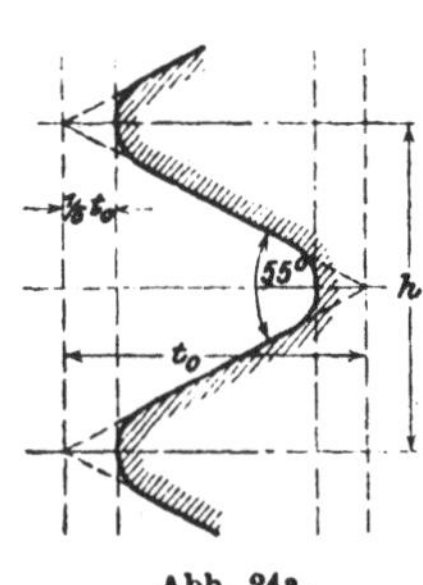

Abb. 24.   Abb. 24a.

Dem in Abb. 24a gezeichneten Gewindeprofil liegt ein gleichschenkliges Dreieck mit dem Kantenwinkel 55^0 zugrunde. Beweise, daß

$$t_0 = 0{,}9605\, h \text{ ist.}$$

15. Ein Rohr vom kreisförmigen Querschnitt F_1 und dem Durchmesser d_1 wird durch ein kegelförmiges Stück mit einem zweiten Rohr vom Querschnitt $F_2 = 2\,F_1$ verbunden. Die Mantellinien des Kegels bilden miteinander den Winkel $\delta = 40^0$. Wie lang sind die Mantellinien s des Verbindungsstückes? (Abb. 25.)

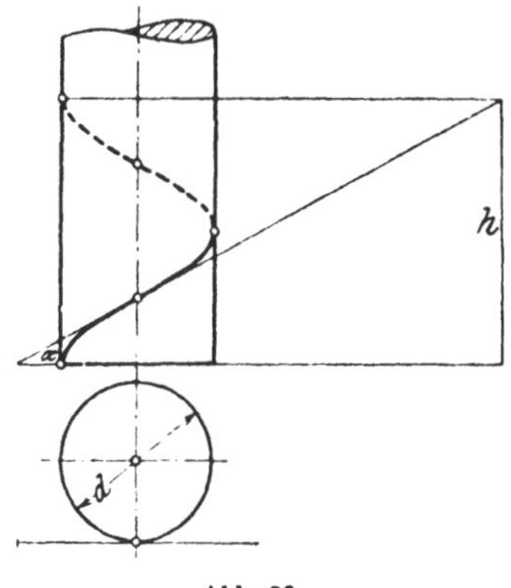

Ergebnis: $s = 0{,}605\, d_1$.

16. Gegeben: Eine Strecke a und ein spitzer Winkel α; konstruiere Strecken von den Längen

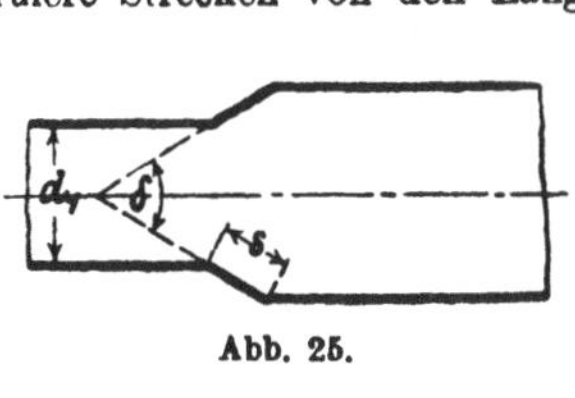

Abb. 25.   Abb. 26.

$a \sin \alpha$; $a \sin^2 \alpha$; $a \sin^3 \alpha$; . . . . . $a \operatorname{tg} \alpha$; $a \operatorname{tg}^2 \alpha$; $a \operatorname{tg}^3 \alpha$; . . . .

17. Legt man ein rechtwinkliges Dreieck, dessen eine Kathete gleich dem Umfang eines Zylinders ist, um den Zylinder (Abb. 26), so wird die

Hypotenuse z" einer Schraubenlinie. Die beiden Endpunkte der Hypotenuse liegen auf der nämlichen Mantellinie des Zylinders. Ihre vertikale Entfernung wird die „**Ganghöhe oder Steigung** h" der Schraubenlinie genannt Der Winkel α des Dreiecks wird zum **Steigungswinkel** α der Schraube. Er hängt mit dem Durchmesser d des Zylinders und der Ganghöhe durch folgende Gleichung zusammen:

$$\operatorname{tg} \alpha = \frac{h}{d\,\pi}.$$

Eine Schraube hat einen mittleren Durchmesser von 100 mm. Die Steigung beträgt $10 \cdot \pi$. Wie groß ist der Steigungswinkel?

Ergebnis: 5°43′

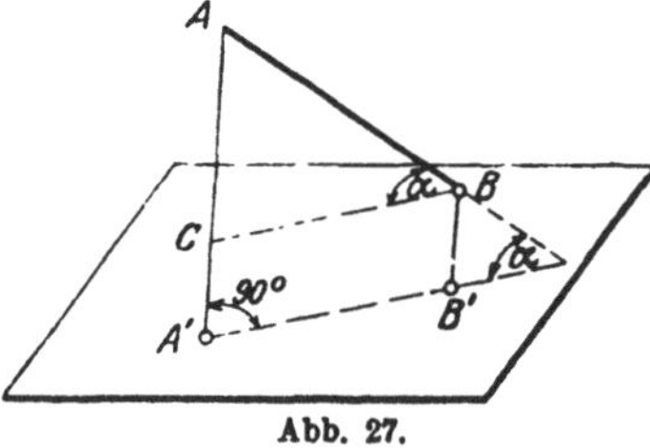

Abb. 27.

Über Projektionen.

18. Projektion einer Strecke (Abb. 27). Fällt man von den Endpunkten einer Strecke AB Lote AA', BB' auf eine Ebene, so nennt man die Strecke $A'B'$ die Projektion der Strecke AB auf die Ebene.

Der Winkel α zwischen der Raumstrecke und ihrer Projektion wird der Neigungswinkel α der Geraden gegen die Ebene genannt. $A'B'$ läßt sich leicht aus AB und α berechnen. Aus der Abbildung folgt:

$BC = AB \cdot \cos \alpha$, da aber $BC = A'B'$ ist, so ist

$$A'B' = AB \cdot \cos \alpha,$$

d. h. die Projektion ($A'B'$) ist gleich der wahren Länge (AB) der Strecke multipliziert mit dem Kosinus des Neigungswinkels gegen die Projektionsebene. Da cos α stets kleiner als 1 ist, ist die

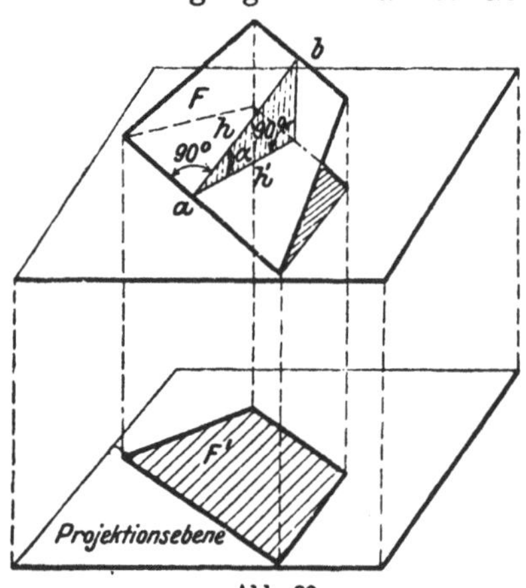

Abb. 28.

Projektion kürzer als die Raumstrecke. Was wird aus der Gleichung für $\alpha = 0°$? $\alpha = 90°$? $\alpha = 60°$?

19. Eine 12 cm lange Strecke ist gegen die Projektionsebene unter einem Winkel $\alpha = 50°$ geneigt; wie lang ist ihre Projektion? (7,71 cm.)

20. Eine Strecke von 20 cm Länge hat eine Projektion von 15 cm bzw. 10 cm, 5 cm Länge. Wie groß ist in jedem Falle der Neigungswinkel gegen die Projektionsebene?

Ergebnisse: 41°25′, 60°, 75°32′.

21. Projektion einer beliebigen ebenen Figur. Wir berechnen zunächst die Projektion eines Trapezes, dessen Grundlinien a und b (Abb. 28) zur Projektionsebene parallel sind. Dem Abstande h der beiden Parallelen a und b des räumlichen Trapezes entspricht in der Projektion der Abstand h'. a und b werden in der Projektion nicht verkürzt, und h' steht senkrecht auf den Projektionen von a und b. Der Winkel zwischen h und h' ist der Neigungswinkel α des Trapezes gegen die Projektionsebene. Nun ist

$$F = \text{Inhalt des Trapezes} = \frac{a+b}{2} \cdot h,$$

$$F' = \text{Inhalt der Projektion} = \frac{a+b}{2} \cdot h',$$

$$h' = h \cdot \cos\alpha, \text{ somit ist}$$

$$F' = \frac{a+b}{2} \cdot h \cdot \cos\alpha = F \cdot \cos\alpha, \text{ also}$$

$$F' = F \cdot \cos\alpha.$$

Soll die Projektion einer beliebigen ebenen Figur berechnet werden, so denkt man sich die Figur durch parallel zur Projektionsebene geführte Schnitte in eine außerordentlich große Zahl sehr kleiner Flächenstreifen von Trapezform zerlegt (Abb. 29). Alle diese Flächen f_1, f_2, $f_3 \ldots$ haben die nämliche Neigung gegen die Projektionsebene. Somit gelten die Gleichungen:

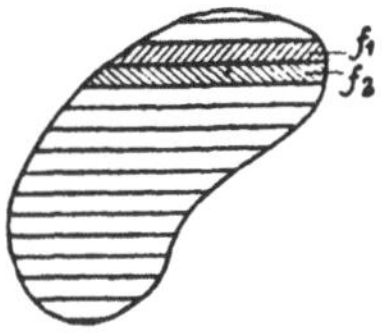

Abb. 29.

$$f_1' = f_1 \cdot \cos\alpha$$
$$f_2' = f_2 \cdot \cos\alpha$$
$$f_3' = f_3 \cdot \cos\alpha$$
$$\vdots \quad \vdots \quad \vdots \quad \vdots \quad \text{daher ist}$$
$$f_1' + f_2' + f_3' + \cdots = (f_1 + f_2 + f_3 + \cdots)\cos\alpha \quad \text{oder}$$
$$F' = F \cos\alpha, \text{ d. h.}$$

der Inhalt der Projektion einer beliebigen ebenen Figur ist gleich dem Inhalt der Raumfigur, multipliziert mit dem Kosinus des Neigungswinkels gegen die Projektionsebene.

22. Ein Sechseck von 40 cm² Inhalt ist gegen eine Ebene um 25⁰ geneigt. Wie groß ist die Projektion? Ergebnis: 36,25 cm².

23. Die Projektion eines Kreises vom Halbmesser a ist eine Ellipse mit den Achsen $2a$ und $2b$. Die Achsen sind die Projektionen zweier aufeinander senkrecht stehender Kreisdurchmesser, von denen der eine zur Projektionsebene parallel ist. Wie groß ist $\cos\alpha$? Leite aus der Inhaltsformel $a^2\pi$ des Kreises die Inhaltsformel $J = ab\pi$ der Ellipse ab.

24. Eine Ellipse mit den Halbachsen 8 und 5 cm sei die Projektion eines Kreises. Der Halbmesser des Kreises, der Neigungswinkel der Kreisebene gegen die Projektionsebene, der Inhalt des Kreises sind zu bestimmen.

Ergebnisse: $r = 8$ cm, $\alpha = 51^{u}20'$ $J = 201{,}06$ cm².

25. Ein gerader Kreiszylinder habe einen Durchmesser von 50 mm. Er wird von einer Ebene geschnitten, die mit der Grundfläche einen Winkel von 30⁰ bzw. 50⁰, 60⁰ einschließt. Der Inhalt jedes einzelnen Querschnitts ist zu bestimmen. Ergebnisse: 2267 mm², 3055, 3927.

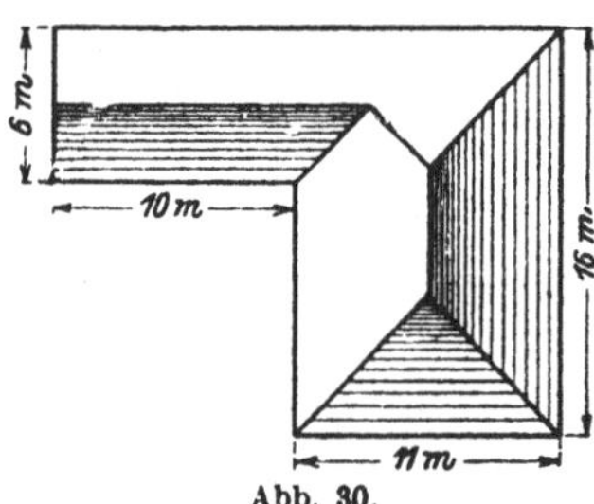

Abb. 30.

26. Ein Dach hat als Grundriß die Abb. 30. Die Dachflächen schließen mit der Horizontalebene den nämlichen Winkel $\alpha = 40^0$ ein. Wie viele m² enthält die Dachfläche?

Ergebnis: Oberfläche = 308,1 m².

27. Zeige, daß die Grundfläche eines geraden Kreiskegels gleich ist dem Produkt aus der Mantelfläche und dem Kosinus des Winkels zwischen einer Mantellinie und der Grundfläche.

28. Von einem Winkel $ab = \alpha$ liegt der Schenkel a in der Projektionsebene. Die Ebene ab schließt mit der Projektionsebene den Winkel φ ein. Berechne den Winkel α' zwischen a und der Projektion b' von b ($\operatorname{tg}\alpha' = \operatorname{tg}\alpha\cdot\cos\varphi$).

Zusammensetzung und Zerlegung von Kräften.

29. Man veranschaulicht eine Kraft zeichnerisch durch eine Strecke, deren Richtung mit der Kraftrichtung übereinstimmt und deren Länge der

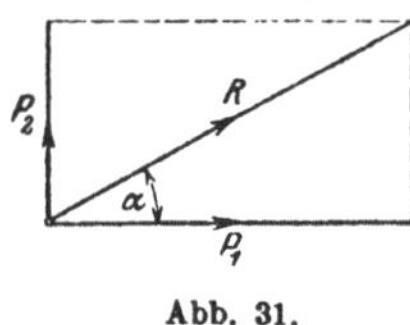

Abb. 31.

Größe der Kraft proportional ist. Sollen z. B. zwei Kräfte $P_1 = 80$ kg und $P_2 = 50$ kg durch Strecken dargestellt werden, so wird man etwa eine Kraft von 10 kg durch eine Strecke von 1 cm Länge veranschaulichen. P_1 wird dann durch 8 cm, P_2 durch 5 cm gemessen (Abb. 31). Die Resultierende R zweier Kräfte, die auf den gleichen Punkt wirken, geht durch den Angriffspunkt der beiden Kräfte P_1 und P_2 und wird in Größe und Richtung durch die Eckenlinie des aus P_1 und P_2 gebildeten Kräfteparallelogramms dargestellt.

Ist umgekehrt eine Kraft R nach zwei vorgeschriebenen Richtungen in Einzelkräfte (Komponenten) zu zerlegen, so bildet man ein Parallelogramm mit R als Eckenlinie, dessen Seiten die vorgeschriebenen Richtungen besitzen. Alle folgenden Beispiele sollen sowohl durch Zeichnung als durch Rechnung gelöst werden. Über die Konstruktion eines Winkels siehe § 3, Beispiel 8 und § 6, Beispiel 40.

Auf einen materiellen Punkt wirken zwei aufeinander senkrecht stehende Kräfte P_1 und P_2. Bestimme die Resultierende R, sowie den Winkel $RP_1 = \alpha$ (Abb. 31) für

	a) $P_1 = 80$	b) 50	c) 144	d) 15 kg
	$P_2 = 50$	40	100	50 „
Ergebnisse:	$R = 94,34$	64,03	175,3	52,2 „
	$\alpha = 32^0$	$38^0 40'$	$34^0 46'5$	$73^0 18'$.

80. Die Kraft R soll in zwei aufeinander senkrecht stehende Komponenten P_1 und P_2 zerlegt werden, deren Richtung gegeben ist.

	a) $R = 100$	b) 80	c) 1420	d) 56 kg
$\sphericalangle\, RP_1 = \alpha =$	50^0	44^0	20^0	72^0
Ergebnisse: $P_1 =$	64,28	57,54	1334	17,3 kg
$P_2 =$	76,60	55,58	485,6	53,3 „

81. Auf einen Punkt wirken zwei gleich große Kräfte P; sie schließen miteinander einen Winkel α ein. (Zeichnung!) Zeige, daß die Resultierende gegeben ist durch $R = 2\,P \cdot \cos \dfrac{\alpha}{2}$.

Für $P =$	200 kg;	$\alpha = 148^0 40'$	wird $R =$	108	kg
„ $P =$	1000 „	$\alpha = 50^0$	„ $R =$	1813	„
„ $P =$	50 „	$\alpha = 104^0$	„ $R =$	61,57	„

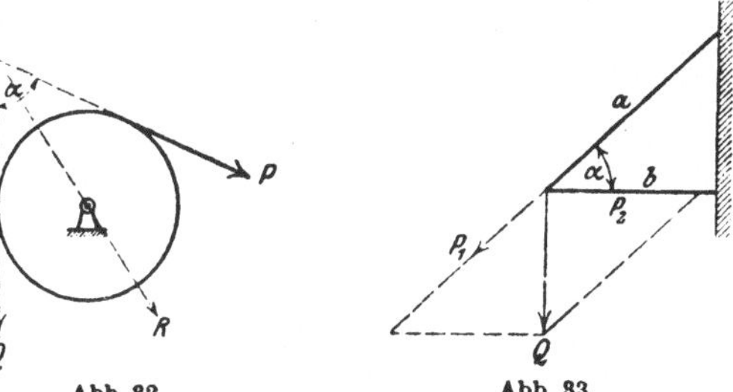

Abb. 32.   Abb. 33.

82. Eine Kraft R soll in zwei gleiche Komponenten P zerlegt werden, die miteinander einen vorgeschriebenen Winkel α einschließen.

Für $R =$	800 kg;	$\alpha = 70^0$	wird $P = 488,3$ kg
	$R = 650$ „	$\alpha = 126^0$	„ $P = 716$ „

83. Berechne für die in Abb. 32 gezeichnete Rolle den resultierenden Zapfendruck R unter der Annahme $P = Q = 100$ kg für

	a) $\alpha = 90^0$	b) 60^0	c) 40^0	d) 0^0.
Ergebnisse:	$R = 141,4$	173,2	187,9	200 kg.

84. An einem Träger, wie er in Abb. 33 gezeichnet ist, hängt eine Last $Q = 600$ kg. b ist horizontal. Berechne die Spannungen P_1 und P_2 in den Stäben a und b für

	a) $\alpha = 30^0$	b) 40^0	c) 50^0
Ergebnisse:	$P_1 = 1200$	933	783,2 kg
	$P_2 = 1039$	715	503,5 „

85. In der Mitte eines Seiles, das mit seinen Endpunkten in gleicher Höhe befestigt ist, hängt eine Last $P = 80$ kg. Wie groß sind die im Seile auftretenden Spannungen, wenn die Seilstücke mit der horizontalen Richtung je einen Winkel $\alpha = 40^0$ einschließen? (62,23 kg.)

86. Die Gerade AB (Abb. 34) veranschauliche eine schiefe Ebene, die gegen die horizontale Richtung AC unter einem Winkel α geneigt ist. Auf der Ebene liegt ein Körper vom Gewichte G. Die Reibung zwischen

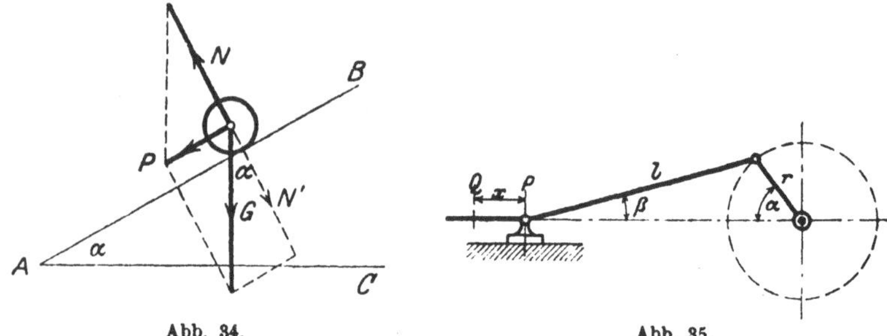

Abb. 34.   Abb. 35.

Körper und Ebene sei so klein, daß wir von ihr absehen können. Der Körper erfährt von der schiefen Ebene her einen Normaldruck N; er bewegt sich unter dem Einflusse dieser beiden Kräfte G und N mit einer Resultierenden P längs der schiefen Ebene. Berechne N und P aus G und α.

Ergebnis: $N = G \cdot \cos \alpha$; $P = G \cdot \sin \alpha$.

Für $G = 200$ kg und

	a) $\alpha = 10^0$	b) 30^0	c) 50^0	d) 70^0
wird $P =$	34,72	100	153,2	187,9 kg
$N =$	197	173,2	128,6	68,4 „

37. In dem in Abb. 35 gezeichneten Kurbelgetriebe bedeutet l die Länge der Schubstange, r die Länge des Kurbelhalbmessers. Zeige, daß der Winkel β mit dem Winkel α in dem Zusammenhange steht:

$$\sin \beta = \frac{r}{l} \sin \alpha . \qquad (1)$$

Berechne für verschiedene Winkel α den zugehörigen Winkel β für das Verhältnis $r : l = 1 : 5$. Die Werte sind in der folgenden Tabelle zusammengestellt.

α	0^0	10^0	20^0	30^0	40^0	50^0	60^0	70^0	80^0	90^0
β	0	$1^0 59'$	$3^0 55'$	$5^0 44'$	$7^0 23'$	$8^0 49'$	$9^0 58'$	$10^0 50'$	$11^0 22'$	$11^0 32'$

Warum erreicht β nach Gleichung (1) für $\alpha = 90^0$ den größten Wert? Wie groß ist β, wenn Schubstange und Kurbel aufeinander senkrecht stehen? $(11^0 19')$.

Für $\alpha = 0$ befindet sich der Punkt P in Q. Zeige, daß die Verschiebung x des Kreuzkopfes P berechnet werden kann aus

$$x = r(1 - \cos\alpha) + l(1 - \cos\beta). \tag{2}$$

Berechne x für die oben gegebenen Winkel: die Kurbel habe eine Länge von 300 mm und die Schubstange von 1500 mm[1].

α^0	10^0	20^0	30^0	40^0	50^0	60^0	70^0	80^0	90^0
x (mm)	5	22	48	83	125	173	224	277	330

Beachte, daß einer gleichmäßigen Zunahme von α keine gleichmäßige Zunahme von x entspricht.

Die Gleichungen (1) und (2) gelten, wie wir später sehen werden, auch für Winkel $\alpha > 90^0$.

Die Kolbenstange einer Dampfmaschine übertrage auf den Kreuzkopf einen Druck $P = 5000$ kg (Abb. 36). Wir zerlegen P am Kreuzkopf in die

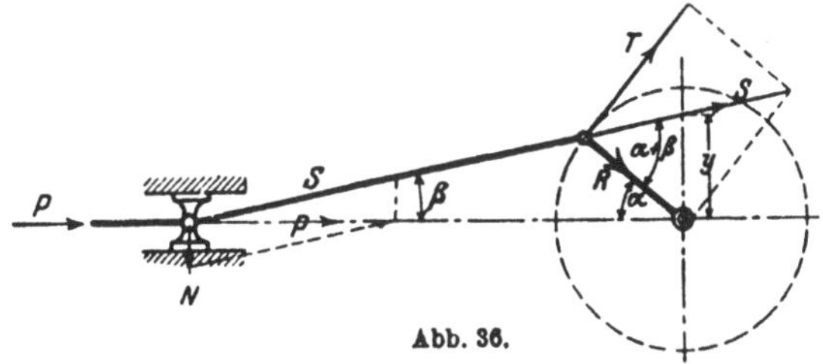

Abb. 36.

Schubstangenkraft S und den Normaldruck N auf die Gleitbahn. Am anderen Ende der Schubstange wird S in den Tangentialkurbeldruck T und den Radialdruck R zerlegt. Man berechne die Größen N, S, T und R aus P, α, β.

Ergebnisse: $N = P \operatorname{tg}\beta = S \cdot \sin\beta$; $S = \dfrac{P}{\cos\beta}$; $T = S \sin(\alpha + \beta)$;

$$R = S \cos(\alpha + \beta).$$

---

[1] Für Leser, die den binomischen Lehrsatz kennen, sei hier noch gezeigt, wie man x auch unmittelbar aus α, ohne Kenntnis von β berechnen kann. Ersetzt man nämlich in (2) $\cos\beta$ durch $\sqrt{1 - \sin^2\beta}$, oder da $\sin\beta = \dfrac{r}{l}\sin\alpha$ ist, durch $\sqrt{1 - \left(\dfrac{r}{l}\sin\alpha\right)^2}$ und beachtet, daß dieser Ausdruck mit sehr guter Annäherung durch $1 - \dfrac{1}{2}\left(\dfrac{r}{l}\sin\alpha\right)^2$ ersetzt werden kann, so findet man für x den Wert

$$x = r(1 - \cos\alpha) + \frac{l}{2}\left(\frac{r}{l}\sin\alpha\right)^2.$$

Berechne einige Werte der Tabelle nach (3).

Berechne die einzelnen Kräfte für die Winkel $\alpha = 0^0$, 40^0; $\alpha + \beta = 90^0$.

α	S	N	T	R
0	5000	0	0	5000
40^0	5042	648	3710	3414
$\alpha + \beta = 90^0$	5099	1000	5099	0

Rechnungen am Kreise.

38. Berechnung der Sehnen; Bogenhöhen (Pfeil-höhen). Das Dreieck ABM in Abb. 37 ist gleichschenklig. M ist der Mittelpunkt des Kreises. Es ist

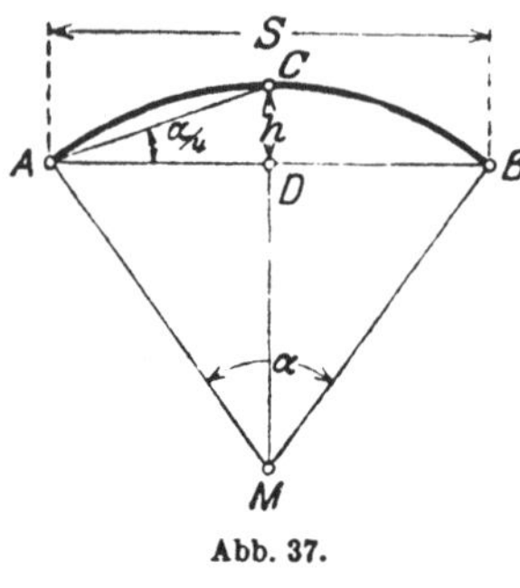

Abb. 37.

$$\frac{s}{2} = BD = r \cdot \sin \frac{\alpha}{2}, \text{ somit ist die}$$

$$\textbf{Sehne } s = 2\,r \cdot \sin \frac{\alpha}{2}. \qquad (1)$$

Die Bogenhöhe $CD = h = MC - MD$. Nun ist $MC = r$,

$$MD = r \cdot \cos \frac{\alpha}{2}, \text{ somit ist die}$$

$$\textbf{Bogenhöhe } h = r\left(1 - \cos \frac{\alpha}{2}\right). \qquad (2)$$

Der Zentriwinkel α kann auch unmittelbar aus s und h berechnet werden; der Winkel CAB $= \frac{1}{2} \cdot \sphericalangle CMB = \frac{\alpha}{4}$ (Umfangs- und Mittelpunktswinkel). Es ist also:

$$\text{tg } \frac{\alpha}{4} = \frac{2h}{s}. \qquad (3)$$

Hieraus folgt: $h = \frac{s}{2} \cdot \text{tg} \frac{\alpha}{4}$ und $s = 2h \, \text{ctg} \frac{\alpha}{4}.$ (4)

In technischen Handbüchern findet man oft Tabellen, welche die Sehnen und Bogenhöhen für Winkel von 0^0 bis 180^0 enthalten, und zwar für den Einheitskreis, d. h. für einen Kreis, dessen Halbmesser die Längeneinheit ist. Der Zusammenhang dieser Tabellen mit den trigonometrischen Tabellen ist aus den Gleichungen (1) und (2) leicht zu erkennen. Setzen wir in diesen Gleichungen $r = 1$, so erhalten wir

$$s_1 = 2 \sin \frac{\alpha}{2} \text{ und } h_1 = 1 - \cos \frac{\alpha}{2}, \qquad (5)$$

worin sich s_1 und h_1 auf den Einheitskreis beziehen. Durch Vergleichung der Formeln (1) und (2) mit (5) erkennt man, daß sich die Sehnen und Bogenhöhen eines beliebigen Kreises aus den entsprechenden Sehnen und Bogenhöhen des Einheitskreises einfach durch Multiplikation mit r berechnen lassen: daß ferner jede Sinustabelle eine Sehnentabelle und jede Kosinustabelle eine Tabelle der Bogenhöhe ersetzen kann. So ist z. B.

für α	$\sin\dfrac{\alpha}{2}$	Sehne s_1 $2\sin\dfrac{\alpha}{2}$	$\cos\dfrac{\alpha}{2}$	Bogenhöhe h_1 $1-\cos\dfrac{\alpha}{2}$
$= 50^0$	0,4226	0,8452	0,9063	0,0937
$= 51^0$	0,4305	0,8610	0,9026	0,0974
$= 52^0$	0,4384	0,8768	0,8988	0,1012

39. Berechne für die Zentriwinkel $\alpha =$ a) 22^0, b) $46^0 50'$, c) 124^0, d) $161^0 44'$ die Sehnenlängen für Kreise mit den Halbmessern $r = 1$ und $r = 44$ cm.

Ergebnisse: a) 0,3816, 16,79 cm; b) 0,7948, 34,97 cm; c) 1,7658, 77,70 cm;
d) 1,9746, 86,88 cm.

40. Konstruktion eines Winkels mit Hilfe der Sehnen. Ein Beispiel wird diese sehr praktische Konstruktion klar machen. Es soll ein Winkel von 35^0 konstruiert werden. Die zu diesem Winkel gehörige Sehne in einem Kreise von 10 cm Halbmesser (Abb. 38) hat eine Länge von 6,014 cm. Das Weitere lehrt die Abbildung. — Zeichne auf ähnliche Art die Winkel 20^0, 40^0, 68^0, $100^0 40'$, 149^0 (Supplementwinkel!). Ermittle umgekehrt die Größe eines beliebig gezeichneten Winkels. Vergleiche die Konstruktion der Winkel mit Hilfe der trigonometrischen Werte S. 3 und 13.

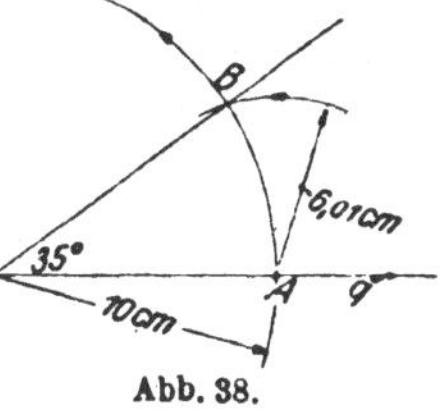

Abb. 38.

41. Berechne die Bogenhöhen für die Winkel und Halbmesser in Aufg. 39.

Ergebnisse: a) 0,0184, 0,81 cm; b) 0,0824, 3,63 cm; c) 0,5305, 23,34 cm;
d) 0,8413, 37,02 cm.

42. Berechne den Mittelpunktswinkel α aus dem Halbmesser r und der Sehne s für

$s =$	a) 20 cm	b) 45 cm	c) 48 m	d) 40 dm,
$r =$	40 ,,	28 ,,	250 ,,	30 ,,
Ergebnisse:	$28^0 57'$	$106^0 57'$	$11^0 2'$	$83^0 38'$.

43. Berechne den Mittelpunktswinkel α aus dem Spannungsverhältnis $(h:s)$ für

$h:s =$	a) 1:5	b) 1:6	c) 1:8	d) 1:10	e) 1:20.
Ergebnisse:	$87^0 12'$	$73^0 44'$	$56^0 8'$	$45^0 14'$	$22^0 52'$.

44. Der Halbmesser eines Kreises kann aus s und h ohne Hilfe der Trigonometrie berechnet werden. Aus dem rechtwinkligen Dreieck MBD der Abb. 37 folgt: $(r-h)^2 + \left(\dfrac{s}{2}\right)^2 = r^2$; hieraus findet man

$$r = \frac{h^2 + \left(\dfrac{s}{2}\right)^2}{2h} = \frac{s^2}{8h} + \frac{h}{2}.$$

Regelmäßige Vielecke.

45. Einem Kreise vom Halbmesser r ist ein regelmäßiges n-Eck einbeschrieben. Berechne aus dem Halbmesser seine Seite s und seinen Inhalt J.

Jedes regelmäßige n-Eck läßt sich in n-kongruente gleichschenklige Dreiecke, mit dem Winkel $\dfrac{360}{n}$ an der Spitze, zerlegen. Es wird

$$s = 2\,r \cdot \sin \frac{180°}{n}, \qquad\qquad J = n \cdot \frac{r^2}{2} \sin \frac{360°}{n}.$$

46. Berechne die Seite und den Inhalt des regelmäßigen n-Ecks, das einem Kreise mit dem Halbmesser r umbeschrieben werden kann.

$$s = 2\,r \cdot \operatorname{tg} \frac{180°}{n}, \qquad\qquad J = n \cdot r^2 \cdot \operatorname{tg} \frac{180°}{n}.$$

47. Berechne aus der Seite s eines regelmäßigen n-Ecks seinen Inhalt J, sowie den Halbmesser r des umbeschriebenen, den Halbmesser ϱ des einbeschriebenen Kreises.

$$J = n \cdot \frac{s^2}{4} \cdot \operatorname{ctg} \frac{180°}{n},$$

$$r = \frac{s}{2 \sin \dfrac{180°}{n}}, \qquad\qquad \varrho = \frac{s}{2} \cdot \operatorname{ctg} \frac{180°}{n}.$$

48. Beispiele zu Aufgabe 45. Für $r = 20$ cm und

$n =$	a) 5	b) 6	c) 8	d) 10	e) 12
wird $s =$	23,51	20,0	15,3	12,36	10,35 cm
$J =$	951,1	1039,2	1131,4	1175,6	1200 cm²

49. Beispiele zu Aufgabe 46. Für $r = 8$ cm und

$n =$	a) 4	b) 5	c) 9	d) 10	e) 12
wird $s =$	16	11,62	5,82	5,2	4,29 cm
$J =$	256	232,5	209,7	207,9	205,8 cm²

50. Beispiele zu Aufgabe 47. Für $s = 4$ cm und

$n =$	a) 3	b) 5	c) 12	d) 16
wird $J =$	6,93	27,53	179,1	321,7 cm²
$r =$	2,31	3,40	7,73	10,25 cm
$\varrho =$	1,16	2,75	7,46	10,06 cm

51. Der Inhalt eines regelmäßigen n-Ecks beträgt 60 cm². Berechne seine Seite s für $n = 6, 8, 9, 10, 12$ Man findet

$$s_6 = 4,81, \quad s_8 = 3,525, \quad s_9 = 3,116, \quad s_{10} = 2,792, \quad s_{12} = 2,315 \text{ cm}.$$

52. Berechnung von π. Man berechne aus dem Durchmesser d eines Kreises den Umfang des ein- und umbeschriebenen regelmäßigen 720-Ecks. Nach den Aufgaben 45 und 46 wird

$$u_{720} = 720 \cdot d \cdot \sin 15' \qquad\qquad U_{720} = 720 \cdot d \cdot \operatorname{tg} 15'.$$

Da die Tabellenwerte für diese Rechnungen zu ungenau sind, benutze man die folgenden genaueren Angaben:

$$\sin 15' = 0{,}00436331, \qquad \operatorname{tg} 15' = 0{,}00436335'.$$

Damit erhält man

$$u_{720} = 3{,}14158\,d, \qquad U_{720} = 3{,}14161\,d.$$

Ist u der Umfang des Kreises, so ist

$$u_{720} < u < U_{720}.$$

Der Mittelwert der Zahlen 3,14158 und 3,14161 ist ungefähr gleich π. Man findet

$$\pi = 3{,}14159.$$

53. Berechne aus der Zähnezahl z und der Teilung t ($=$ Länge eines Kettengliedes) einer Gallschen Kette (Abb. 39) den Durchmesser D des Teilkreises.

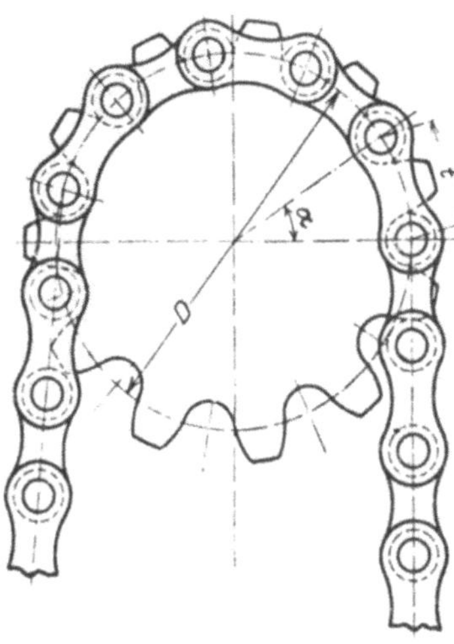

Ergebnis: $D = \dfrac{t}{\sin \dfrac{180}{z}}$.

Man berechne D für $t = 60$ mm und

$z =$	a) 10	b) 20	c) 30
$D =$	194,2	383,5	574,0

$z =$	d) 35	e) 80
$D =$	669,4	1528 m

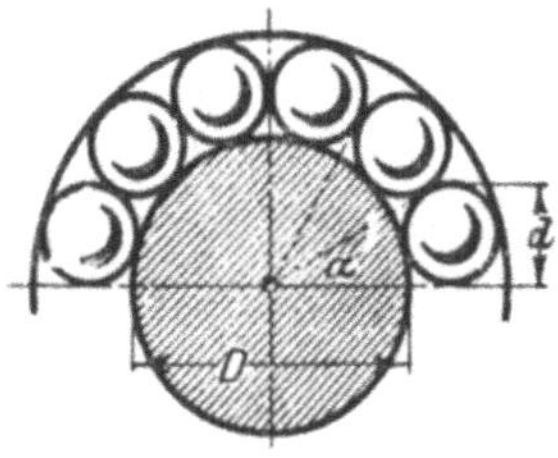

Abb. 39.

Abb. 40.

54. n-Kugeln vom Durchmesser d werden auf einem Kreise mit dem Durchmesser D so angeordnet, daß sie sich berühren (Abb. 40).

Berechne d aus D und n.

$$\text{Ergebnis:} \quad d = \frac{D \cdot \sin \dfrac{180}{n}}{1 - \sin \dfrac{180}{n}}.$$

Für $D = 20$ cm und $n = 40$ wird $d = 1{,}7$ cm.

Berechne d, wenn zwei aufeinanderfolgende Kugeln einen Abstand a voneinander haben.

55. Zwei parallele Gerade haben die Entfernung a voneinander. Es soll der Halbmesser des Kreises berechnet werden, der die beiden Geraden unter dem Winkel α bzw. β schneidet, a) im Sinne der Abb. 41, b) im Sinne der Abb. 42. (Unter dem Winkel zwischen Kreis und Gerade versteht man den Winkel zwischen der Geraden und der Tangente des Kreises im Schnittpunkt.)

Leite aus Abb. 41 die Gleichung ab: $a + \varrho \cos \alpha = \varrho \cos \beta$, woraus folgt:

$$\varrho = \frac{a}{\cos \beta - \cos \alpha}$$

(mit β ist der kleinere Winkel bezeichnet).

Was wird aus ϱ für $\beta = \alpha$?

Zahlenbeispiele:

1. $\alpha = 30^0$,	$\beta = 20^0$,	$a = 10$ cm.	Ergebnis: $\varrho = 135{,}7$ c
2. $\alpha = 30^0$,	$\beta = 10^0$,	$a = 10$,,	,, $\varrho = 84{,}2$,,
3. $\alpha = 90^0$,	$\beta = 30^0$,	$a = 10$,.	,, $\varrho = 11{,}5$,,
4. $\alpha = 60^0$,	$\beta = 30^0$,	$a = 10$,,	,, $\varrho = 27{,}3$,,

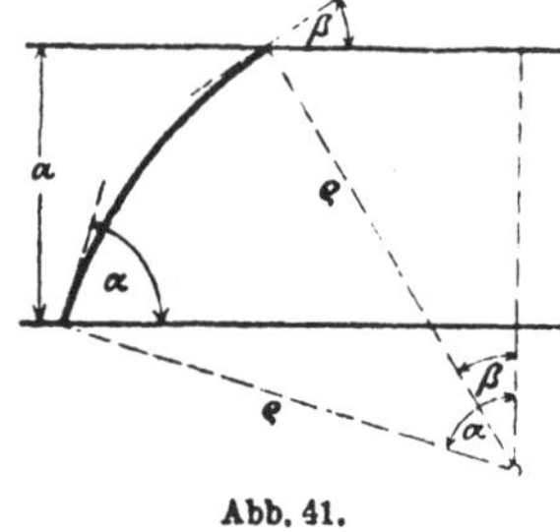

Abb. 41.

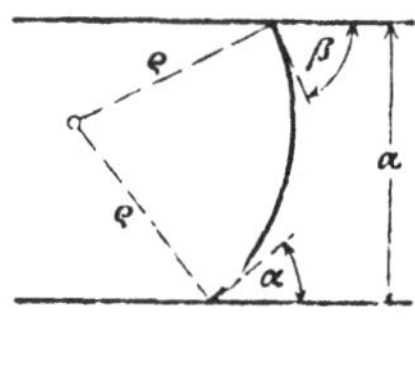

Abb. 42.

Konstruiere den Mittelpunkt des Kreises rein planimetrisch, ohne Rücksicht auf den berechneten Wert ϱ. Beweise, daß für Abb. 42

$$\varrho = \frac{a}{\cos \alpha + \cos \beta}$$

wird.

Für $\alpha = 30^0$, $\beta = 34^0$ und $a = 10$ cm wird $\varrho = 5{,}9$ cm
,, $\alpha = 30^0$, $\beta = 30^0$,, $a = 10$,, ,, $\varrho = 5{,}77$,,

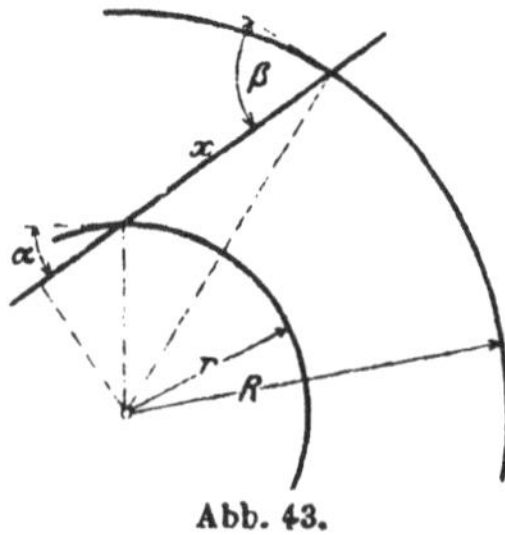

Abb. 43.

56. Von zwei konzentrischen Kreisen mit den Halbmessern R und r wird der kleinere von einer Geraden unter dem Winkel α geschnitten (Abb. 43). Unter welchem Winkel β schneidet die Gerade den andern Kreis? Wie lang ist das zwischen den Kreisen liegende Stück x?

Zeige, daß sich β aus der Gleichung

$$\cos \beta = \frac{r}{R} \cos \alpha$$

berechnen läßt. Warum folgt aus dieser Gleichung, daß $\beta > \alpha$ ist? Für x findet man, wenn β bestimmt ist,

$$x = R \sin \beta - r \sin \alpha.$$

Zahlenbeispiel: Für $r = 5\,\text{cm}$, $R = 10\,\text{cm}$, $\alpha = 20^0$ findet man $\beta = 61^0 58'$; $x = 7{,}12\,\text{cm}$.

Wie groß muß R sein, damit

$$\beta = \text{a) } 40^0 \qquad\qquad \text{b) } 60^0 \qquad\qquad \text{c) } 90^0 \text{ wird?}$$

Ergebnisse: 6,13 cm   9,40 cm   ∞.

Bogenmaß eines Winkels.

57. Ist r der Halbmesser eines Kreises, so gehört zum Mittelpunktswinkel α^0 ein Kreisbogen b von der Länge

$$b = \frac{r\pi}{180^\circ} \cdot \alpha^0. \tag{1}$$

Dividiert man diese Gleichung durch r, so erhält man

$$\frac{b}{r} = \frac{\pi}{180} \cdot \alpha^0. \tag{2}$$

Man nennt diesen Quotienten das **Bogenmaß des Winkels** und bezeichnet ihn mit Arcus α^0, abgekürzt arc α^0 oder auch $\widehat{\alpha}$ (Arcus heißt Bogen). Es ist also:

$$\frac{\textbf{Bogen}}{\textbf{Halbmesser}} = \frac{b}{r} = \text{arc } \alpha^\circ = \widehat{\alpha} = \frac{\pi}{180^\circ} \cdot \alpha^\circ \tag{3}$$

Das Bogenmaß ist als Quotient zweier Längen eine **reine Zahl**. Es läßt sich in einfacher Weise geometrisch veranschaulichen (Abb. 44). Schlägt man nämlich um den Scheitel eines Winkels α^0 einen Kreis mit der Längeneinheit als Halbmesser (den Einheitskreis), so mißt der Bogen, der zwischen den Schenkeln liegt, das Bogenmaß des Winkels; denn für $r = 1$ erhält man rechts in Gleichung (1) den Wert $\frac{\pi}{180} \cdot \alpha^\circ$.

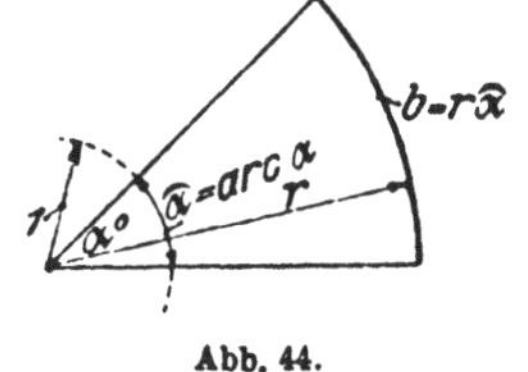

Abb. 44.

Wir besitzen also zweierlei Maß zum Messen eines Winkels: das Gradmaß und das Bogenmaß.

Dem Gradmaß 360⁰ entspricht das Bogenmaß 2π

$\quad$,, $\qquad$,, $\qquad$ 180⁰ $\quad$,, $\quad$,, $\quad$,, $\qquad$ π

$\quad$., $\qquad$,, $\qquad$ 90⁰ $\quad$,, $\quad$,, $\quad$,, $\qquad$ $\dfrac{\pi}{2}$

$\quad$,, $\qquad$ .., $\qquad$ 60⁰ $\quad$,, $\quad$,, $\quad$,, $\qquad$ $\dfrac{\pi}{3}$ usf.

2π ist der Umfang des Einheitskreises.

Dem Buche ist am Schlusse eine **Tabelle** beigefügt, in der das Bogenmaß für alle Winkel von 0⁰ bis 180⁰ auf 5 Dezimalstellen angegeben ist. Mit ihrer Hilfe gestalten sich die Umrechnungen von dem einen Maß in das andere sehr einfach, wie aus den folgenden Beispielen zu ersehen ist.

$\hat{\alpha}^0 = 48^0\,55';\ \hat{\alpha} = ?$	$\hat{\alpha} = 1{,}84236;\ \alpha^0 = ?$
	arc 105⁰ = 1,83260
	Rest = 0,00976
arc 48⁰ = 0,83776	arc 33′ = 0,00960
arc 55′ = 0,01600	Rest = 0,00016
$\hat{\alpha} = 0{,}85376$	arc 33″ = 0,00016
	Rest = 0 , somit ist
	$\alpha^0 = 105^0\,33'\,33''$.

Berechne das Bogenmaß der Winkel

$\qquad$ a) $\alpha^0 = 35^0$ $\qquad$ b) $34^0\,50'$ $\qquad$ c) $78^0\,42'$ $\qquad$ d) $169^0\,48'\,28''$.

Ergebnisse: $\hat{\alpha} = 0{,}6109$ $\qquad$ 0,6079 $\qquad$ 1,3736 $\qquad$ 2,96371.

Berechne das Gradmaß α^0 aus dem Bogenmaß

$\qquad$ a) $\hat{\alpha} = 0{,}5706$ $\quad$ b) $\hat{\alpha} = 0{,}9918$ $\quad$ c) $\hat{\alpha} = 1{,}7153$ $\quad$ d) $\hat{\alpha} = 3{,}9464$

Ergebnisse: $\alpha = 32^0\,42'$ $\qquad$ $\alpha^0 = 56^0\,50'$ $\quad$ $\alpha^0 = 98^0\,17'$ $\quad$ $\alpha^0 = 226^0\,7'$

58. Für welchen Winkel ist das Bogenmaß gleich 1, d. h. für welchen Mittelpunktswinkel ist der Bogen gleich dem Halbmesser? Nach (3) der Aufgabe 57 ist

$$1 = \frac{\pi}{180} \cdot \alpha^0, \text{ somit ist}$$

$$\alpha^0 = \frac{180^0}{\pi} = 57^0,\ 2958 = (\varrho^0).$$

Man bezeichnet $\varrho'' = 180 \cdot 60 \cdot 60'' : \pi = 648\,000 : \pi = 206\,265 = \varrho''$ oft mit einer besonderen Marke auf dem Rechenschieber.

59. $\sin \dfrac{\pi}{6}$ ist gleichbedeutend mit $\sin 30^0$; es ist also $\sin \dfrac{\pi}{6} = \dfrac{1}{2}$. Prüfe die Richtigkeit der folgenden Gleichungen:

$$\cos \frac{\pi}{2} = 0; \quad \sin \frac{\pi}{2} = 1; \quad \operatorname{tg} \frac{\pi}{4} = 1; \quad \operatorname{tg} \frac{\pi}{2} = \infty;$$

$$\operatorname{tg} \frac{\pi}{3} = \sqrt{3}.$$

60. Kleine Winkel. Nach den Tabellen am Schlusse des Buches ist:

α^0	$\sin\alpha$	$\operatorname{tg}\alpha$	$\operatorname{arc}\alpha = \hat{\alpha}$
1^0	0,0175	0,0175	0,0175
2^0	0,0349	0,0349	0,0349
3^0	0,0523	0,0524	0,0524
4^0	0,0698	0,0699	0,0698
5^0	0,0872	0,0875	0,0873
6^0	0,1045	0,1051	0,1047
7^0	0,1219	0,1228	0,1222

Diese Zusammenstellung zeigt, daß die Werte $\sin\alpha$, $\operatorname{tg}\alpha$, $\operatorname{arc}\alpha$ für kleine Winkel nahezu übereinstimmen. Begnügt man sich mit einer Genauigkeit von 4 Dezimalstellen, so kann man bis zu einem Winkel von ungefähr 3^0

$$\sin\alpha = \operatorname{tg}\alpha = \operatorname{arc}\alpha = \hat{\alpha}$$

setzen. Bis zu einem Winkel von 6^0 stimmen die Werte auf 3 Dezimalstellen überein. Für Winkel unter $5^0 44'$ ist auf den Rechenschiebern oft eine gemeinsame Teilung (S und T) angegeben.

In Abb. 45 sind diese Verhältnisse am Einheitskreis veranschaulicht. Beachte auch Abb. 3. Je kleiner α, desto weniger unterscheiden sich die drei den sin, tg, arc messenden Linien. Die Abbildung lehrt ferner, daß für alle Winkel zwischen 0 und 90^0

$$\sin\alpha < \operatorname{arc}\alpha < \operatorname{tg}\alpha.$$

Man vergleiche die oben gegebenen Werte.

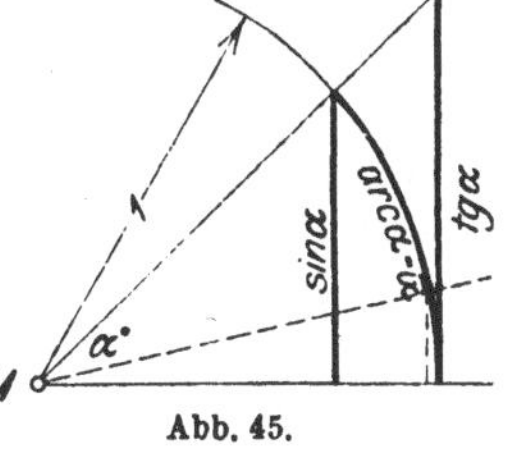

Abb. 45.

Kleine Winkel lassen sich auch leicht konstruieren mit Hilfe eines Kreises vom Halbmesser $r = 180 : \pi = \sim 57{,}3$ mm. Der Bogen, der zu α^0 gehört, ist $r\hat{\alpha} = \dfrac{180}{\pi} \cdot \dfrac{\pi}{180} \cdot \alpha^0 = \alpha^0$, also gerade so viele mm, wie die Zahl der Grade des Mittelpunktswinkels. Da sich die Sehne für kleine Winkel nur wenig vom Bogen unterscheidet, erhält man die Sehne, indem man α^0 mm als ihre Länge ansieht. Zu 10^0 Mittelpunktswinkel gehört also eine Sehne von 10 mm in dem Kreise vom Halbmesser 57,3 mm[1]. Bei 20^0 Mittelpunktswinkel ist der Bogen 20 mm, die Sehne 19,898 mm.

Kreisausschnitt. Kreisabschnitt.

61. Bogenlänge. Kreisausschnitt (Sektor). Nach Gleichung (3) Aufgabe 57 ist

$$b = r\hat{\alpha}, \tag{1}$$

---

[1] Werkst.-Techn. Jg. 13, H. 11, S. 173. 1919.

d. h. der Bogen b, der in einem Kreis mit dem Halbmesser r zum Mittelpunktswinkel α^0 gehört wird gefunden, indem man den Halbmesser mit dem Bogenmaß des Winkels multipliziert.

Der Inhalt J des Kreisausschnittes ist nach der Planimetrie
gleich dem halben Produkt aus Bogen und Halbmesser; da $b = r\widehat{\alpha}$
ist, ist

$$J = \frac{b \cdot r}{2} = \frac{r^2}{2}\,\widehat{\alpha} = r^2 \cdot \frac{\widehat{\alpha}}{2}\,. \tag{2}$$

62. Der Kreisabschnitt (Segment). Jeder Kreisabschnitt,
dessen Mittelpunktswinkel kleiner ist als 180°, ist die Differenz
eines Kreisausschnitts und eines Dreiecks. Beachte Abb. 37.

Der Inhalt des Ausschnittes $ACBM$ ist nach Aufgabe 61
gleich $\frac{r^2}{2}\widehat{\alpha}$. Der Inhalt des Dreiecks ABM ist nach Aufgabe 6
gleich $\frac{r^2}{2}\sin\alpha$. Somit ist der Inhalt des Abschnittes gegeben
durch

$$J = \frac{r^2}{2}\,(\widehat{\alpha} - \sin\alpha)\,. \qquad \text{(Inhalt eines Kreisabschnittes.)}$$

Diese Formel gilt für jeden beliebigen Winkel α. Damit wir uns im
folgenden nicht auf spitze Winkel beschränken müssen, möge man sich
merken, daß für stumpfe Winkel die Formel gilt:

$$\sin\alpha = \sin(180 - \alpha).$$

Den Beweis hierfür geben wir in § 8. Es ist also z. B. $\sin 120^0 =$
$\sin(180 - 120^0) = \sin 60^0 = 0,8660$. Wir können dadurch den Sinus eines
stumpfen Winkels durch den Sinus eines spitzen Winkels darstellen, nämlich durch den Sinus des Supplementwinkels.

63. Berechne aus dem Halbmesser r und dem Mittelpunktswinkel α
die Bogenlänge b und den Inhalt J des Kreisausschnittes für

	$r =$ a) 40 cm	b) $r = 4{,}6$ m	c) $r = 142$ m
$\alpha =$	50^0	$\alpha = 28^0 35'$	$\alpha = 108^0 56' 51''$.

Ergebnisse: a) 34,91 cm, 698,1 cm²; b) 2,295. 5,278; c) 270, 19171 m³.

64. Berechne aus b und r den Mittelpunktswinkel α^0 für

$b =$ a) 24 cm	b) 50 cm	c) 50 m	d) 216 m
$r =$ 32 ,,	40 ,,	20 ,,	142 ,,

Ergebnisse: a) $b : r = \widehat{\alpha}$; daraus mit der Tabelle $\alpha = 42^0 58'$,
b) $71^0 37'$,   c) $143^0 14'$,   d) $87^0 9' 14''$.

65. Für die Angaben in Aufgabe 63 wird der Inhalt des Kreisab-
schnittes

a) 85,30 m²   b) 0,217 m²   c) 9635 m².

66. Von einem **Kreisabschnitt** kennt man die Sehne s und die Pfeilhöhe h; berechne den Mittelpunktswinkel α, den Halbmesser r, den Bogen b und den Inhalt J für

$$s = \text{a) } 20 \text{ cm} \qquad \text{b) } 20 \qquad \text{c) } 20 \qquad \text{d) } 20$$
$$h = \quad\; 5 \text{ ,,} \qquad\qquad 4 \qquad\quad\; 3 \qquad\quad\; 2.$$

Ergebnisse: a) $\alpha = 106^0\,16'$; $r = 12{,}5$; $b = 23{,}18$; $J = 69{,}90$ cm².

$\qquad\qquad$ b) $\alpha = \;\; 87^0\,12'$; $r = 14{,}5$; $b = 22{,}07$; $J = 54{,}99$,,

$\qquad\qquad$ c) $\alpha = \;\; 66^0\,48'$; $r = 18^1/_6$; $b = 21{,}17$; $J = 40{,}72$,,

$\qquad\qquad$ d) $\alpha = \;\; 45^0\,16'$; $r = 26$; $\quad\; b = 20{,}54$; $J = 26{,}92$,,

Beachte die Aufgaben 38 und 44.

67. **Näherungsformeln für Bogenlängen und Kreisabschnitte.** Sind von einem Abschnitt h und s bekannt, so kann man den Bogen und den Inhalt näherungsweise nach folgenden Formeln bestimmen; dabei bedeutet s_1 die Sehne, die zum halben Bogen gehört (Abb. 46)

$$\text{Bogen } b = \sim \frac{8 s_1 - s}{3} \qquad\qquad s_1 = \sqrt{\left(\frac{s}{2}\right)^2 + h^2}$$

$$J_1 = \sim \frac{2}{3}\, sh \;\text{ oder genauer } J_2 = \sim \frac{2}{3}\, sh + \frac{h^3}{2s}.$$

J_1 liefert für Winkel $\alpha < 50^0$ Ergebnisse, die um weniger als 1% vom Inhalte abweichen; es entspricht dies einem Verhältnis $h:s = 1:9$. Für größere Winkel sollte man J_1 nicht benutzen.

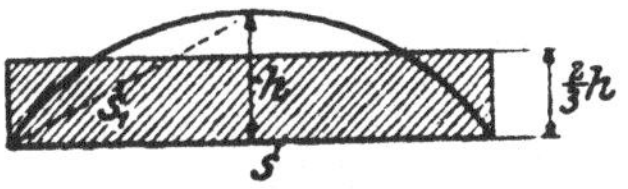

Bestimme b und J für die Angaben der Aufgabe 66 nach den Näherungsformeln und vergleiche die Ergebnisse mit den angegebenen Werten.

Abb. 46.

68. Zwei Kreise mit den Halbmessern R und r $(R > r)$ berühren sich von außen. Unter welchem Winkel α schneiden sich die beiden äußern

Tangenten? $\left(\sin \dfrac{\alpha}{2} = \dfrac{R - r}{R + r}\right).$

69. Einem Kreisausschnitt mit dem Halbmesser r und dem Mittelpunktswinkel α wird der größte Kreis einbeschrieben; berechne seinen

Halbmesser x. $\left(x = \dfrac{r \cdot \sin \alpha/2}{1 + \sin \alpha/2}\right).$

70. Auf der gleichen Seite einer Geraden g liegen zwei Punkte A und B. Der Punkt A habe von g die größere Entfernung als B. Verlängere die Strecke AB bis zum Schnittpunkt C mit g. Es sei $AC = a$; $BC = b$ und der spitze Winkel (AC, g) sei α. Berechne die Halbmesser jener zwei Kreise, die durch A und B gehen und g berühren. Beachte: die Tangente von C an die Kreise hat die Länge $\sqrt{a\,b}$. Ergebnis: $(a + b \mp 2\sqrt{a\,b}\cdot \cos \alpha):2\sin \alpha$.

71. Ein Kreis mit dem Mittelpunkt M berührt eine Gerade g in A. B sei ein beliebiger zweiter Punkt auf dem Kreisumfang, und es sei Winkel $AMB = \alpha$. Fälle von B das Lot BC auf g. Beweise: $AC = x = r\cdot\sin \alpha$;

$$BC = y = 2r \cdot \sin^2 \frac{\alpha}{2}.$$

72. Berechne aus a und h die Länge der Wellenlinie (Abb. 47), die sich aus zwei kongruenten Kreisbogen zusammensetzt. (Wellblech.)

a) Für $a = 12$ cm, $h = 4$ cm wird $l = 15,29$ cm

b) „ $a = 20$ „ $h = 4$ „   „ $l = 22,07$ „

Berechne die Länge auch mit Hilfe der Näherungsformel in Aufgabe 67.

73. Es ist der Inhalt der in Abb. 48 dargestellten Röhre von kreisförmigem Querschnitt zu berechnen. Die beiden äußersten vertikalen Linien sind parallel; m ist eine Symmetrielinie. Es seien gegeben a, R, r, w ($w =$ lichter Durchmesser der Röhre).

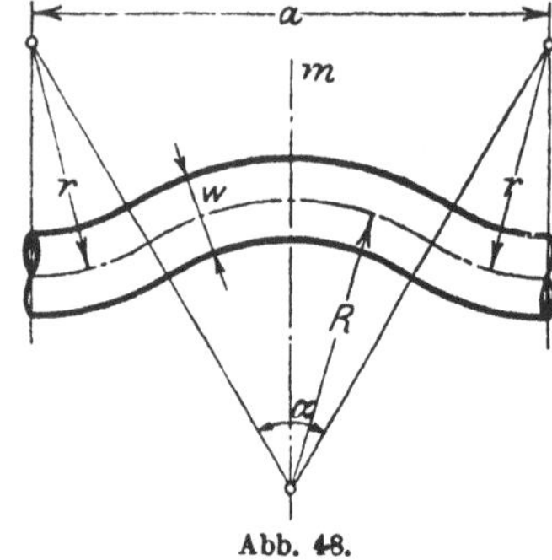

Abb. 48.

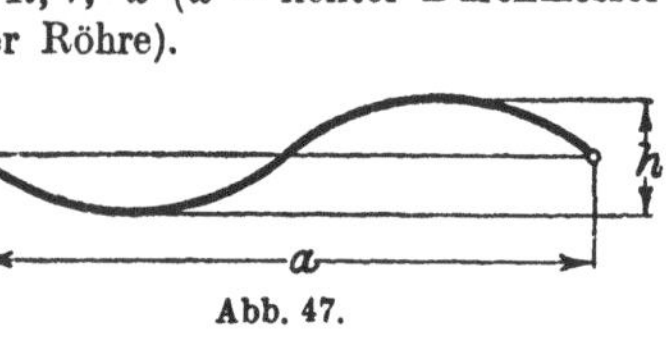

Abb. 47.

Anleitung: Berechne α; $\sin \dfrac{\alpha}{2} = ?$ Rauminhalt $=$ Länge der Mittellinie mal Querschnitt $= (R + r)\,\hat{\alpha} \cdot \dfrac{w^2 \pi}{4}$.

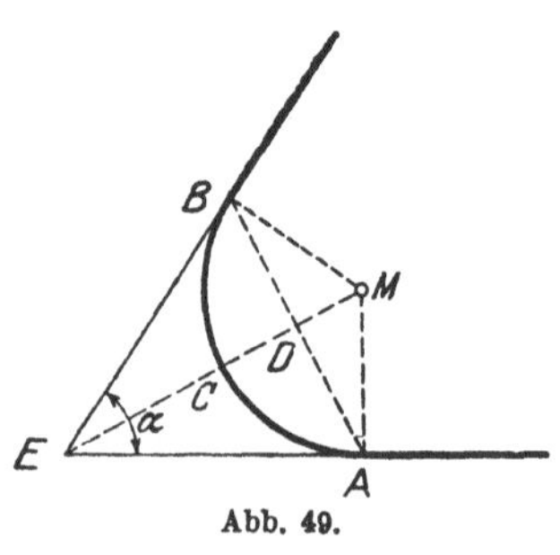

Abb. 49.

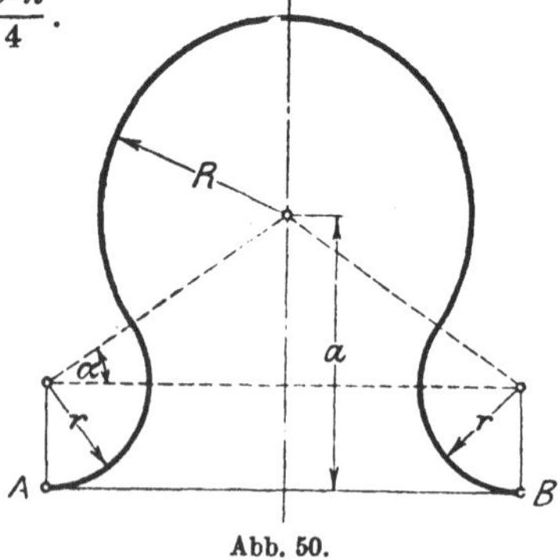

Abb. 50.

Für $a = 150$ cm; $R = 60$ cm; $r = 30$ cm; $w = 10$ cm wird $V = 13,93$ dm³.

74. Zwei geradlinige Eisenbahnlinien, die miteinander einen Winkel $\alpha = 70^0$ bilden, sollen durch einen Kreisbogen von 300 m Halbmesser verbunden werden (Abb. 49). Berechne die Länge der Kurve ACB; die Sehne AB; die Bogenhöhe CD und die Strecke CE.

Ergebnisse: Kurve $= 576$ m; Sehne $= 491,5$ m;

Bogenhöhe $= 127,9$ m; $CE = 223,0$ m.

75. In Abb. 50 ist a, R, r gegeben; berechne die Länge der Kurve AB für

a) $R = 4$; $r = 2$; $a = 5$ cm   Ergebnis: $25,13$ cm

b) $R = 5$; $r = 3$; $a = 6$ „   „ $31,28$ „

Leite das allgemeine Ergebnis ab: $l = (R + r)(\pi + 2\alpha)$, wenn $r < a$.

76. Berechne den Inhalt der gestrichelten Fläche (Abb. 51) a) aus r und α. b) aus t und α.

Ergebnisse: $J = rt - \dfrac{r^2}{2}(\pi - \hat{\alpha})$; $t = r \cdot \operatorname{ctg}\dfrac{\alpha}{2}$; $r = t \cdot \operatorname{tg}\dfrac{\alpha}{2}$

Für a)	$r = 10$ cm;	$\alpha = 70^0$	wird $J =$	46,8 cm²;	$t =$	14,28 cm
,, b)	$r = 35$,,	$\alpha = 150^0$	,, $J =$	7,5 ,,	$t =$	9,38 ,,
,, c)	$t = 30$,,	$\alpha = 54^0$	,, $J =$	201,7 ,,	$r =$	15,29 ,,
,, d)	$r = 20$,,	$t = 40$ cm ,,	$\alpha = 53^0 8'$	$J =$ 357,1 cm².		

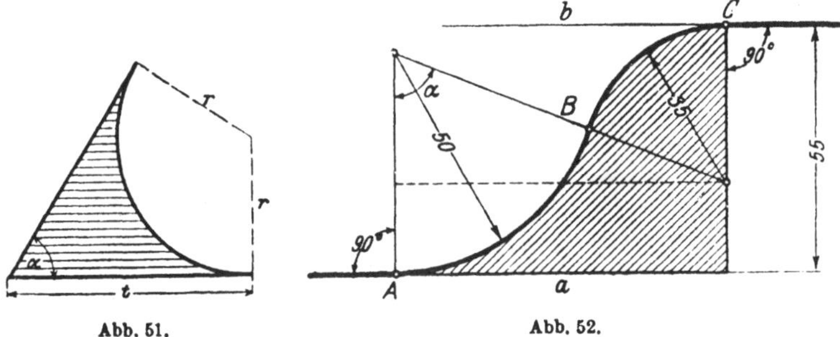

Abb. 51.   Abb. 52.

77. In Abb. 52 sind a und b parallel. Berechne aus den Angaben der Abbildung (mm) die Länge der Linie ABC sowie den Inhalt der gestrichelten Fläche. Zeichne die Abbildung. Anleitung: $\cos\alpha = ?$ $\alpha = ?$ usw.

Ergebnisse: $l = 10{,}29$ cm. $J = 20{,}12$ cm².

78. Leite eine Inhaltsformel ab für den in Abb. 53 gezeichneten Querschnitt durch ein Zementrohr.

Ergebnis: $J = 2{,}3489\,r^2$.

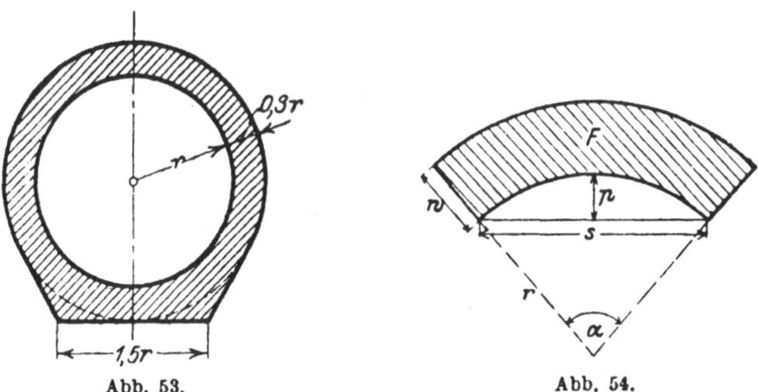

Abb. 53.   Abb. 54.

79. Von der in Abb. 54 gezeichneten Fläche kennt man die Spannweite $s = 10$ m; die Pfeilhöhe $p = 2$ m und die Wandstärke $w = 0{,}8$ m. Berechne die Fläche F.

Anleitung: Berechne r, dann α, dann F nach $w \cdot \left(r + \dfrac{w}{2}\right) \widehat{\alpha} \cdot = 9{,}314 \ \mathrm{m}^2$.

Für $s = 4$ m; $w = 0{,}5$ m; $s:p = 6$ wird $F = 2{,}306$ m².

In Abb. 54a sind bekannt die Spannweite s, die Pfeilhöhe p, die Scheitelstärke h und die Stärke der Widerlager w. Der Inhalt der Fläche ist zu berechnen. Es ist

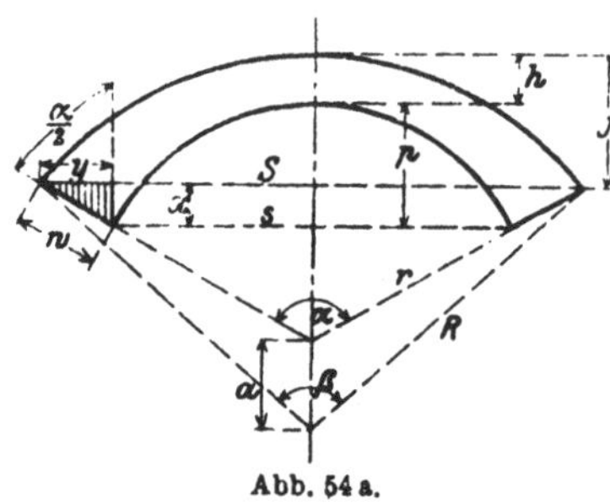

Abb. 54a.

$$J = {}^1\!/_2\,(R^2\,\widehat{\beta} - r^2\,\widehat{\alpha} - a\,S).$$

Man berechnet:

1. α aus p und s;
2. r aus s und α oder s und p;
3. y aus w und α; hieraus findet man S;
4. x aus w und α; hieraus findet man f und damit β und R;
5. a wird gefunden aus R, r und h.

Beispiel: $s = 4$; $p = 1$; $w = 1$; $h = 0{,}5$ m. (Zeichne die Abbildung im Maßstab 1:50.)

Ergebnisse: $\alpha = 106^\circ 16'$; $r = 2{,}5$ m; $R = 4{,}805$ m; $\beta = 71^\circ 16'$; $a = 1{,}805$ m; $J = 3{,}51$ m².

80. In einem Kreise vom Durchmesser $d = 50$ cm werden im Abstande $a = 30$ cm zwei parallele gleich große Sehnen gezogen. Berechne den Inhalt und den Umfang der Fläche zwischen den beiden Sehnen und dem Kreise.

Ergebnisse: $u = 144{,}3$ cm; $J = 14{,}04$ dm².

81. Ein Rechteck $ABCD$ hat die Seiten $AB = b = 5$ cm und $BC = a = 15$ cm. Um die gegenüberliegenden Ecken A und C werden im Rechteck Viertelkreise mit dem Halbmesser $b = 5$ cm geschlagen. Man ziehe die gemeinsame innere Tangente t. t berührt den Kreis um A in E und den um C in F. Berechne die Länge der Linie $BFED$. Ergebnisse: $t = 12{,}25$ cm; $l = 15{,}88$ cm.

82. Ein Kreisring mit den Halbmessern R und r wird von einer Geraden g im Abstande a vom Mittelpunkt in zwei Stücke zerlegt. Berechne den Inhalt der beiden Kreisringstücke, sowie die im Kreisringe liegenden Abschnitte (x) der Geraden g für $R = 30$ cm; $r = 20$ cm; $a = 15$ cm.

Ergebnisse: $J_1 = 462{,}0$ cm²; $J_2 = 1109$ cm²; $x = 12{,}75$ cm.

83. Ein Rechteck hat die Seiten $a = 20$ cm, $b = 8$ cm. Um die Mittelpunkte der Seiten b werden durch Kreise von dem Halbmesser 5,8 cm auf beiden Seiten des Rechtecks gewisse Flächenstücke abgeschnitten. Wie groß ist die Restfläche?

Ergebnis: $J = 75{,}19$ cm².

84^1. Berechne aus b und α den Umfang und den Inhalt des in Abb. 55 gezeichneten Kanalprofils.

Ergebnisse: $u = 2b\,(\cos\alpha + \widehat{\alpha}\sin\alpha)$;

$$J = \frac{u}{2} \cdot b\sin\alpha = b^2\,(\sin\alpha\cos\alpha + \alpha\sin^2\alpha).$$

85. Berechne ebenso Umfang und Inhalt des „Eiprofils" (Abb. 56) aus r. Ergebnisse: $\alpha = 36^0 52'$; $x = 0,5\,r$; $u = 7,930\,r$; Inhalt $= A + 2B + C = 4,594\,r^2$. Für $r = 300$ mm wird $J = 41,34\,\mathrm{dm}^2$.

86. **Berechnung der Riemenlänge.**

a) **Offene Riemen** (Abb. 57). Man berechne aus den Halbmessern R und r zweier Riemenscheiben und dem Mittelpunktsabstand a die Länge L des offenen Riemens.

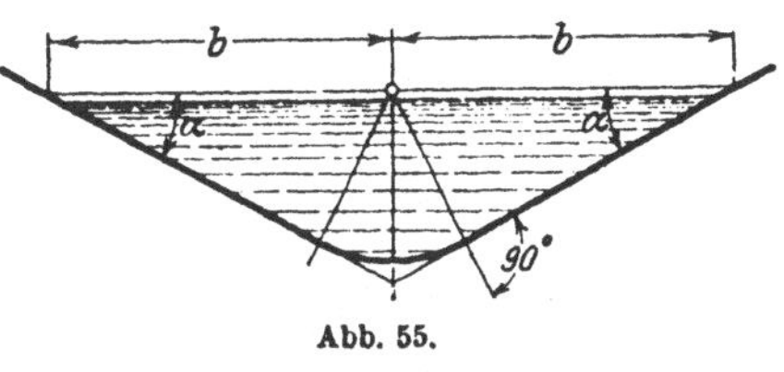

Abb. 55.

L setzt sich zusammen aus zwei Tangenten t, aus dem großen und kleinen umspannten Bogen B bzw. b.

$$L = 2t + B + b. \qquad (1)$$

Wir ziehen die Berührungshalbmesser und durch den Mittelpunkt des kleinen Kreises eine Parallele zu einer Tangente. Es entsteht ein rechtwinkliges Dreieck mit den Seiten a, $R-r$, t und dem Winkel α; es ist

$$\sin\alpha = \frac{R - r}{a}. \qquad (2)$$

Hieraus kann α berechnet werden.

Die Tangente t ist

$$t = a\cos\alpha$$

oder

$$t = \sqrt{a^2 - (R - r)^2}. \qquad (3)$$

Warum sind die Winkel zwischen den vertikalen Durchmessern und den Berührungshalbmessern auch

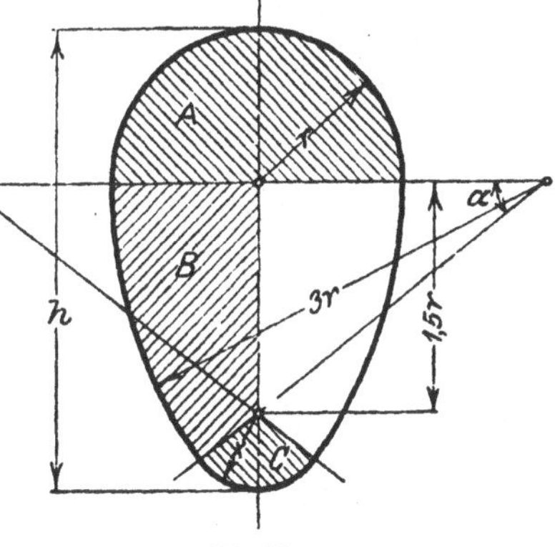

Abb. 56.

gleich α? — Die Mittelpunktswinkel zu den Bogen B und b sind $180 + 2\,\alpha^0$ und $180 - 2\,\alpha^0$, oder in Bogenmaß $\pi + 2\,\widehat{\alpha}$ und $\pi - 2\,\widehat{\alpha}$; somit ist

$$B = R(\pi + 2\widehat{\alpha}) \quad \text{und} \quad b = r(\pi - 2\widehat{\alpha}). \qquad (4)$$

____

[1] Nach Weyrauch, R.: Hydraulisches Rechnen. 2. Aufl. S. 47, 1912.

Der Riemen hat also die Länge

$$L = 2\,a \cos\alpha + R(\pi + 2\,\widehat{\alpha}) + r(\pi - 2\alpha) \quad \text{oder}$$

$$L = \pi(R + r) + 2\,\widehat{\alpha}(R - r) + 2\,a \cos\alpha\,. \tag{5}$$

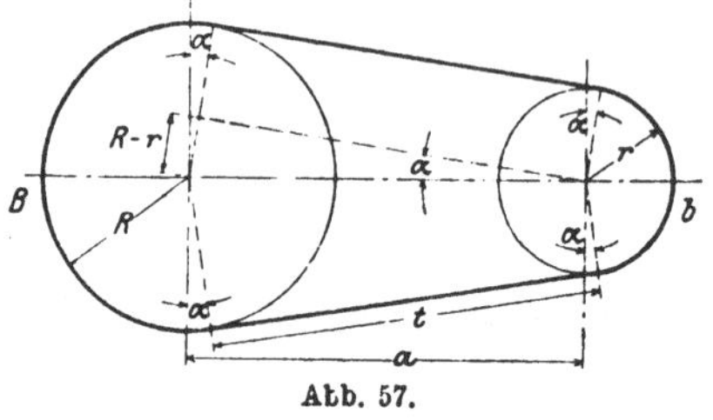

Abb. 57.

Beispiele:

a) Für $R = 225$ mm;

$\qquad r = 125$ mm;

$\qquad a = 4$ m findet man

$\qquad L = 9{,}102$ m;

$\qquad \alpha = 1^0 26'$; sin α darf nach Aufgabe 60 gleich $\widehat{\alpha}$ gesetzt werden.

b) Für $R = 40$ cm; $r = 20$ cm; $a = 5$ m wird $L = 11{,}900$ m.

Ist α sehr klein, so kann man in (5) $\widehat{\alpha} = \sin\alpha$ und $\cos\alpha = 1$ oder $= 1 - \dfrac{\alpha^2}{2}$ setzen, und (5) nimmt die Form an:

$$L = \pi\,(R + r) + 2\,a + \frac{(R - r)^2}{a}\,. \tag{6}$$

Berechne L nach dieser einfachen Näherungsformel für die beiden gegebenen Beispiele und vergleiche die Ergebnisse mit den gegebenen Werten. Beachte, daß in (6) der Winkel α nicht vorkommt.

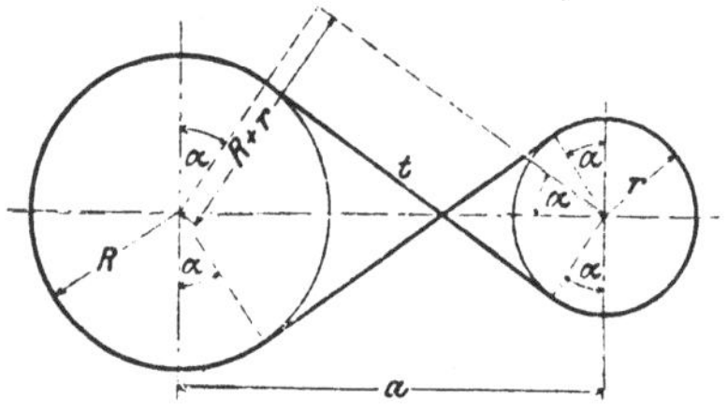

b) Gekreuzte Riemen (Abb. 58). Die Länge L ist wieder gleich

$$L = 2\,t + B + b;$$

$$\sin\alpha = \frac{R + r}{a};$$

Abb. 58.

$$t = \sqrt{a^2 - (R + r)^2} \quad \text{oder} \quad t = a \cos\alpha;$$

$$B = R\,(\pi + 2\,\widehat{\alpha}) \quad \text{und} \quad b = r\,(\pi + 2\,\widehat{\alpha}), \text{ somit ist}$$

$$L = (\pi + 2\,\widehat{\alpha})\,(R + r) + 2\,a \cos\alpha\,. \tag{7}$$

Auch für gekreuzte Riemen könnte man eine Näherungsformel ableiten.

$$L = \pi\,(R + r) + 2\,a + \frac{(R + r)^2}{a}\,. \tag{8}$$

Berechne L für die oben gegebenen Beispiele nach (7) und zum Vergleiche auch nach (8). Es ist für a) $L = 9{,}131$ m, b) $L = 11{,}960$ m.

Zeige, daß sich für verschiedene Riemenscheiben die Länge des gekreuzten Riemens nicht ändert, solange a den gleichen Wert hat und die Summe der Halbmesser unverändert bleibt. (Stufenscheiben.)

87. Berechne den Inhalt der Abb. 57 für

$$\begin{array}{lll}
\text{a) } R = \;\;4 \text{ cm} & \text{b) } R = \;\;8 \text{ cm} & \text{c) } R = \;\;5 \text{ cm} \\
\quad r = \;\;2 \;,, & \quad r = \;\;6 \;,, & \quad r = \;\;3 \;,, \\
\quad a = 12 \;,, & a = R + r = 14 \;,, & \quad a = 20 \;,, \\
\text{Ergebnis: } J = 104{,}4 \text{ cm}^2 & \quad\; J = 355 \text{ cm}^2 & \quad\; J = 214{,}2 \text{ cm}^2.
\end{array}$$

88. Abb. 59 stellt den Querschnitt durch einen Dampfkessel dar. Gegeben: $D = 1800$ mm = innerer Durchmesser des Dampfkessels; $d = 800$ mm = Durchmesser des Flammrohres; $h = 400$ mm = Höhe des Dampfraumes. Berechne den Dampfraum- und den Wasserraumquerschnitt (F_1 und F_2) und bilde das Verhältnis $F_1 : F_2$.

Ergebnisse: $\alpha = 112^0\, 30'$;
$$F_1 = 0{,}421 \text{ m}^2;\; F_2 = 1{,}621 \text{ m}^2;$$
$$F_1 : F_2 = 1 : 3{,}85.$$

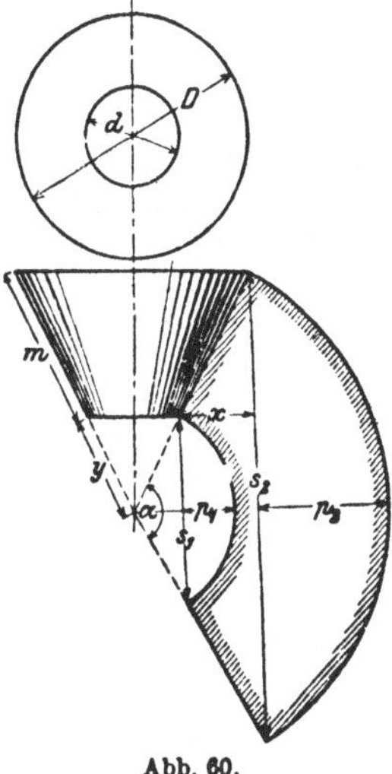

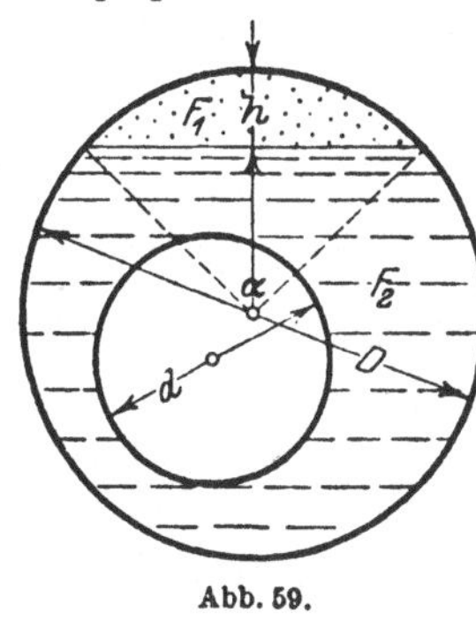

Abb. 59.   Abb. 60.

89. Die Mantelfläche eines abgestumpften Kreiskegels wird in eine Ebene ausgebreitet (Abb. 60). Man berechne aus den beiden Durchmessern D und d und der Mantellinie m des Kegels die Größen y, α, p_1, p_2, s_1, s_2, x und die Fläche F der abgewickelten Mantelfläche.

$$\text{Für } D = 1500 \text{ mm}, \; d = 600 \text{ mm},$$
$$m = 1200 \text{ mm, wird}$$
$$y = \frac{m\,d}{D - d} = 800 \text{ mm},$$
$$\alpha^0 = \frac{D - d}{2\,m} \cdot 360^0 = 135^0,$$

$$\begin{array}{ll}
p_1 = \;\;494 \text{ mm} & s_2 = 3696 \text{ mm}, \\
p_2 = 1235 \;\;,, & x = 459{,}2 \;\;,, \\
s_1 = 1478 \;\;,, & F = 3{,}958 \text{ m}^2.
\end{array}$$

90. Durch die Endpunkte einer Strecke $s = 10\,cm$ werden zwei Kreisbogen a und b mit den Halbmessern $r = 6\,cm$ und $R = 10\,cm$ gelegt. Die zu a und b gehörigen Mittelpunktswinkel seien beide kleiner als 180°. Berechne die zwischen den Bogen a und b liegende Fläche 1. wenn a und b auf der gleichen, 2. wenn sie auf verschiedenen Seiten von s liegen. Ergebnisse: 1. 9,82 cm²; 2. 27,94 cm².

§ 7. Erklärung der trigonometrischen Funktionen beliebiger Winkel. Die Darstellung der Funktionswerte am Einheitskreis.

1. Das rechtwinklige Koordinatensystem.

Ehe wir erklären können, was man unter den trigonometrischen Funktionen beliebiger Winkel zu verstehen hat, müssen wir uns mit einem wichtigen Hilfsmittel der Mathematik, dem rechtwinkligen Koordinatensystem, vertraut machen. Wir ziehen auf einem Blatt Papier zwei aufeinander senkrecht stehende gerade Linien, von denen wir die eine der Bequemlichkeit halber horizontal wählen (s. Abb. 61). Wir nennen die horizontale Gerade die Abszissenachse oder X-Achse, die vertikale die Ordinatenachse oder Y-Achse, beide Achsen zusammen heißen die Koordinatenachsen; sie schneiden sich im Nullpunkt oder

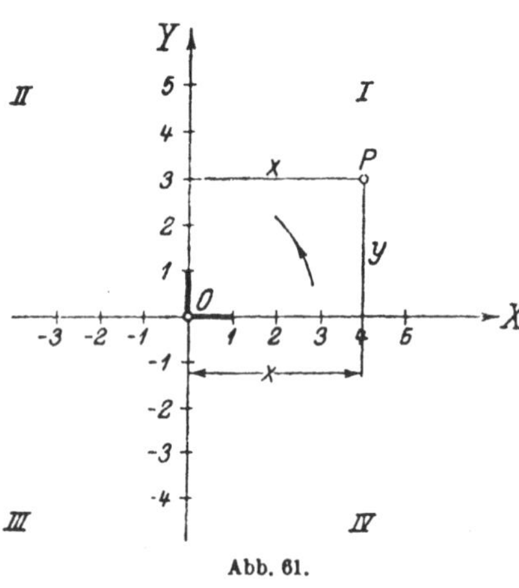

Abb. 61.

Koordinatenanfangspunkt O. Der von O nach rechts gehende Teil der X-Achse möge die positive, der nach links gehende die negative Abszissenachse heißen. Die positive Ordinatenachse geht von O nach oben, die negative nach unten.

Durch die Achsen wird die Ebene in vier Felder zerlegt, die man Quadranten nennt und die wir im Sinne der Abbildung als den I. bis IV. Quadranten unterscheiden. Dabei ist die Reihenfolge der Nummern so gewählt, daß die positive X-Achse, wenn sie um O im entgegengesetzten Sinne des Uhrzeigerdrehsinnes einmal herumgedreht wird, der Reihe nach den I., II., III. und IV. Quadranten überstreicht. Den Drehungssinn von der positiven X-Achse zur positiven Y-Achse nennen wir den positiven, den entgegengesetzten den negativen. Der letzte stimmt also mit dem Drehsinn des Uhrzeigers überein.

Auf beiden positiven Achsen tragen wir von O aus eine bestimmte Strecke als Einheitsstrecke ab, sie möge als Längeneinheit dienen zur Messung aller Strecken auf den Koordinatenachsen oder auf Geraden, die zu den Achsen parallel laufen.

Es sei nun P ein beliebig gewählter Punkt in einem der vier Quadranten. Er möge von der Y-Achse den Abstand x, von der X-Achse den Abstand y haben. Diese Abstände x und y eines Punktes von den Koordinatenachsen, oder genauer gesagt, die Maßzahlen, die diesen Strecken zukommen, nennt man die Koordinaten des Punktes P. Im besonderen heißt x die Abszisse, y die Ordinate. Je nachdem der Punkt rechts oder links von der Y-Achse liegt, rechnen wir seine Abszisse positiv oder negativ. Für die Punkte oberhalb der X-Achse soll die Ordinate positiv, für die unterhalb negativ gerechnet werden. In der folgenden Tabelle sind die Vorzeichen der Koordinaten für die vier Quadranten zusammengestellt.

Quadrant	I	II	III	IV
Abszisse x	+	−	−	+
Ordinate y	+	+	−	−

$$(1)$$

Nach Wahl eines Koordinatenkreuzes und einer Längeneinheit entspricht jedem Zahlenpaar ein bestimmter Punkt des Blattes, und umgekehrt, jedem Punkte des Blattes werden zwei Zahlengrößen, seine Koordinaten, zugeordnet. Man nennt den Punkt P mit den Koordinaten x, y auch etwa den Bildpunkt des Zahlenpaares x, y.

2. Erklärung der trigonometrischen Funktionen für beliebige Winkel.

Es sei α in Abb. 62 ein beliebiger Winkel; einen Schenkel nehmen wir der Einfachheit halber wieder horizontal an. Wir zählen den Scheitel O zugleich zum Anfangspunkt eines Koordinatenkreuzes, die positive X-Achse falle mit dem horizontalen

Hess, Trigonometrie. 18. Auflage   **4**

Schenkel zusammen. Je nachdem der zweite Schenkel des Winkels durch den I., II., III. oder IV. Quadranten geht, sagt man, der Winkel α liege im I., II., III. oder IV. Quadranten.

Es sei nun P ein ganz beliebiger (von O verschiedener) Punkt auf dem zweiten Schenkel; seine Koordinaten seien x und y, sein Abstand von O sei r; wir nennen r den Radius von P und setzen fest, daß wir r immer positiv rechnen wollen. Die im ersten Paragraphen gegebenen Erklärungen erweitern wir nun wie folgt:

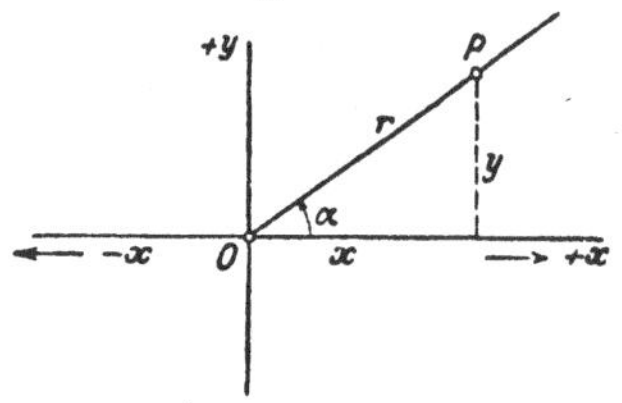

$$\sin \alpha = \frac{\text{Ordinate}}{\text{Radius}} = \frac{y}{r},$$

$$\cos \alpha = \frac{\text{Abszisse}}{\text{Radius}} = \frac{x}{r},$$

$$\operatorname{tg} \alpha = \frac{\text{Ordinate}}{\text{Abszisse}} = \frac{y}{x},$$

$$\operatorname{ctg} \alpha = \frac{\text{Abszisse}}{\text{Ordinate}} = \frac{x}{y}.$$

$$(2)$$

Abb. 62

Diese erweiterten Festsetzungen decken sich, solange α kleiner als 90^0 ist, genau mit den früher in § 1 gegebenen. Statt Ankathete, Gegenkathete, Hypotenuse sagen wir jetzt: Abszisse, Ordinate, Radius. Ist aber α größer als 90^0, so sind die Begriffe Kathete, Hypotenuse sinnlos, und die obigen Gleichungen (2) sagen uns, was wir dann unter den trigonometrischen Funktionen zu verstehen haben.

Da in den Gleichungen (2) Koordinaten vorkommen, haben die Funktionen von jetzt an auch ein Vorzeichen, und zwar hat, da wir r ja immer positiv rechnen,

der **Sinus** das Vorzeichen der **Ordinate** y,

der **Kosinus** das Vorzeichen der **Abszisse** x.

Außerdem hat die Funktion Tangens immer das gleiche Vorzeichen wie die Funktion Kotangens.

Aus den Gleichungen (2) ergibt sich mit Rücksicht auf die Tabelle (1) die folgende Tabelle der Vorzeichen der trigonometrischen Funktionen.

Quadrant	I.	II	III	IV
$\sin \alpha$	$+$	$+$	$-$	$-$
$\cos \alpha$	$+$	$-$	$-$	$+$
$\operatorname{tg} \alpha$	$+$	$-$	$+$	$-$
$\operatorname{ctg} \alpha$	$+$	$-$	$+$	$-$

$$(3)$$

So ist z. B. sin 210° negativ; cos 280° positiv; tg 100° negativ; ctg 220° positiv usf.

Ferner ist $\sin^2\alpha + \cos^2\alpha = \dfrac{y^2}{r^2} + \dfrac{x^2}{r^2} = \dfrac{y^2 + x^2}{r^2}$ oder da $x^2 + y^2 = r^2$ ist (und zwar auch dann, wenn x und y negative Vorzeichen haben), ist

$$\sin^2\alpha + \cos^2\alpha = 1.$$

Man beweise ebenso, daß sämtliche Formeln, die wir im 4. Paragraphen für spitze Winkel nachgewiesen, auch für beliebige Winkel Gültigkeit haben. In den Formeln auf S. 19 treten zum Teil Quadratwurzeln auf. Man hat bei den Wurzeln immer das Vorzeichen so zu wählen, daß die Funktion das aus Tabelle (3) ersichtliche Vorzeichen bekommt. So ist z. B. für einen Winkel α im zweiten Quadranten

$$\sin\alpha = +\sqrt{1 - \cos^2\alpha}; \quad \cos\alpha = -\sqrt{1 - \sin^2\alpha};$$
$$\operatorname{tg}\alpha = -\frac{\sin\alpha}{\sqrt{1 - \sin^2\alpha}} \text{ usf.}$$

3. Veranschaulichung der Funktionen durch Strecken am Einheitskreis.

Wir kehren zu den Definitionsgleichungen (2) zurück. Die Koordinaten x und y, die darin vorkommen, beziehen sich auf einen Punkt P, der irgendwo auf dem zweiten beweglichen Schenkel gewählt werden darf. Die vier Verhältnisse $y:r$; $x:r$; $y:x$ und $x:y$ behalten ihren Wert, wenn man den Punkt P auf dem Schenkel wandern läßt, vorausgesetzt, daß der Winkel α nicht verändert wird. Wir wählen nun den Punkt P, wie früher, so, daß die Nenner der einzelnen Brüche gleich 1 werden; wir gewinnen dadurch ein einfaches Mittel zur Veranschaulichung der trigonometrischen Funktionswerte durch Strecken. Wählen wir im besonderen den Punkt P im Abstande $r = 1$ von O, also auf dem Umfange des Einheitskreises, so gehen die Gleichungen $\sin\alpha = y:r$ und $\cos\alpha = x:r$ über in

$$\sin\alpha = y \quad \text{und} \quad \cos\alpha = x, \tag{4}$$

d. h. Sinus und Kosinus eines beliebigen Winkels stimmen mit den Koordinaten jenes Punktes überein, in dem der bewegliche Strahl den Einheitskreis trifft, vorausgesetzt natürlich, daß der erste Schenkel mit der Abszissenachse zusammenfällt. Siehe Abb. 63 und 64.

Auch die Werte $\operatorname{tg}\alpha$ und $\operatorname{ctg}\alpha$ lassen sich, wie früher, leicht durch Strecken darstellen. Läßt man den Punkt P z. B. mit dem Schnittpunkte C zusammenfallen, in dem der Schenkel die Tangente in A trifft, so ist, weil $OA = 1$, $\operatorname{tg}\alpha = AC$. Die Koordinaten des Punktes F sind $x = BF$ und $y = BO = r = 1$, daher ist $\operatorname{ctg}\alpha = x : y = BF$. Wir haben also

$$\operatorname{tg}\alpha = AC \quad \text{und} \quad \operatorname{ctg}\alpha = BF. \tag{5}$$

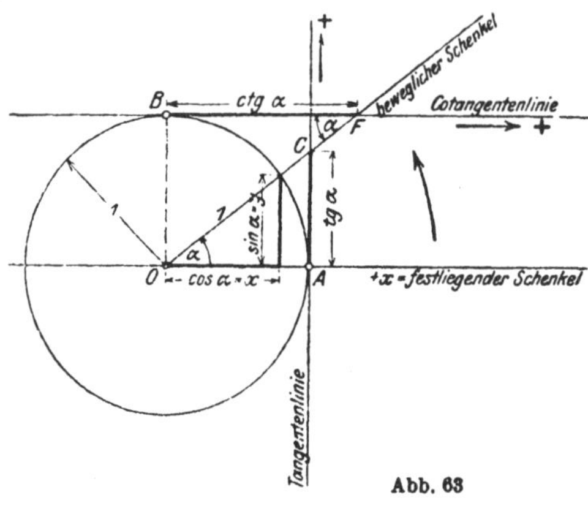

Abb. 63

Diese beiden Gleichungen bedürfen noch einer Erklärung. Ist nämlich der Winkel α stumpf wie in Abb. 64, so schneidet der bewegliche Schenkel die vertikale Tangente rechts nicht mehr. In diesem Falle wird der Tangenswert nicht von dem Schenkel, sondern von seiner

Rückverlängerung auf der Tangente in A abgeschnitten, denn aus der Ähnlichkeit der Dreiecke in der Abbildung folgt:

$$\operatorname{tg}\alpha = \frac{\sin\alpha}{\cos\alpha} = \frac{AC}{OA} = AC.$$

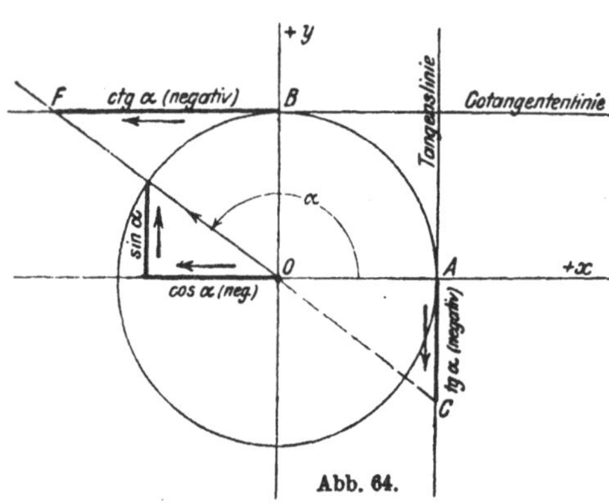

Abb. 64.

Ähnlich liegen die Verhältnisse bei der Funktion Tangens für Winkel im III. Quadranten und bei der Funktion Kotangens für Winkel im III. und IV. Quadranten. Wir können die Gleichungen (5) also dahin zusammenfassen: Für jeden beliebigen Winkel α wer-

den die Werte $\operatorname{tg}\alpha$ und $\operatorname{ctg}\alpha$ durch die Abschnitte AC und BF dargestellt; diese Abschnitte werden entweder von dem beweglichen Schenkel selbst oder von seiner Rückverlängerung auf den in A und B gezogenen Tangenten abgeschnitten. AC und BF bestimmen die Werte tg α und ctg α auch dem Vorzeichen nach richtig. So ist in Abb. 64 AC, weil nach unten gehend, negativ zu nehmen.

Die Gleichungen (4) und (5) und die dazu gehörigen Abbildungen möge sich der Lernende besonders gut einprägen; sie ersetzen die Gleichungen (2).

4. Verlauf der Funktionen.

Der Verlauf der trigonometrischen Funktionswerte läßt sich an Hand der Gleichungen (4) und (5) und der Abb. 63 und 64 leicht verfolgen. Wenn der Winkel α von 0^0 bis 360^0 wächst, d. h. wenn wir den beweglichen Schenkel im positiven Sinne einmal rings herum drehen, so ändern sich die Funktionswerte so, wie die folgende Tabelle zeigt:

α	sin α	cos α	tg α	ctg α
0^0	0	$+1$	0	$+\infty$
$0-90^0$	nimmt zu	nimmt ab	nimmt zu	nimmt ab
90^0	$+1$	0	$\dfrac{+\infty}{-\infty}$	0
$90-180^0$	nimmt ab	nimmt ab	nimmt zu	nimmt ab
180^0	0	-1	0	$\dfrac{-\infty}{+\infty}$
$180-270^0$	nimmt ab	nimmt zu	nimmt zu	nimmt ab
270^0	-1	0	$\dfrac{+\infty}{-\infty}$	0
$270-360^0$	nimmt zu	nimmt zu	nimmt zu	nimmt ab
360^0	0	$+1$	0	$\dfrac{-\infty}{+\infty}$

Wir erkennen hieraus:

Sinus und Kosinus sind (abgesehen von den Grenzwerten 0^0, 90^0 ...) stets echte Brüche.

Tangens und Kotangens können jeden beliebigen Zahlenwert annehmen.

Wächst der Winkel von 0^0 bis 360^0, so nimmt die Funktion tg α beständig zu. Für 90^0 nimmt tg α zwei verschiedene Werte an. Drehen wir nämlich in Abb. 63 den beweglichen Schenkel im positiven Drehungssinn aus der Stellung OA in die Stellung OB so wächst $AC =$ tg α nach oben über jedes endliche Maß hinaus.

und für 90⁰ erreicht tg α den Grenzwert + ∞ (unendlich). Dreht man dagegen in Abb. 64 den beweglichen Schenkel **rückwärts**

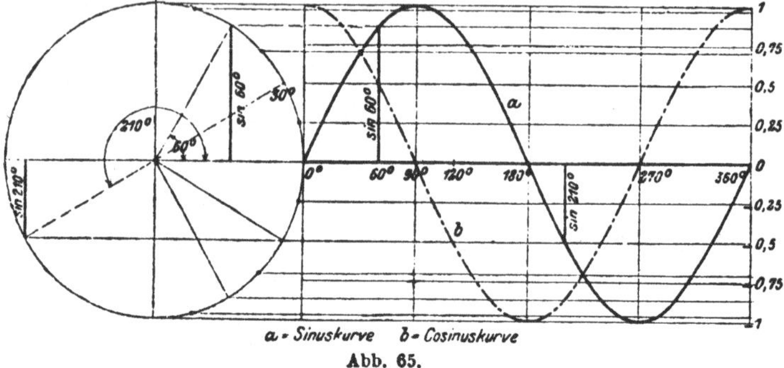

in die Stellung OB, so wandert C auf der Tangente rechts nach unten, und in der Grenzlage 90⁰ wird jetzt $AC = \text{tg } 90^0 = -\infty$.

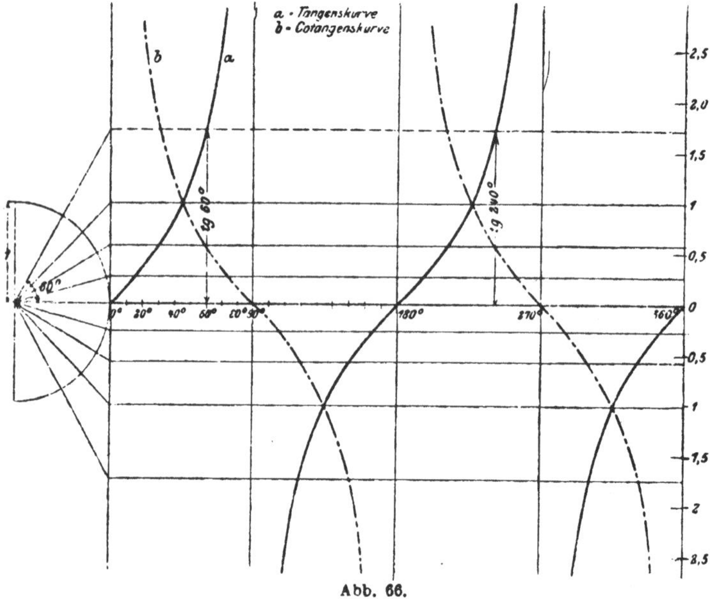

Für 90⁰ ist also tg α sowohl + ∞ als − ∞. Das gleiche Verhalten zeigt Tangens bei 270⁰ und Kotangens bei 0⁰ und 180⁰. Die Funktion Kotangens nimmt bei wachsendem Winkel beständig ab.

Der Verlauf der Funktionen wird in den Abb. 65 und 66 noch durch Kurven veranschaulicht. Der Punkt A der Abb. 63 und 64 ist zum Anfangspunkt O eines Koordinatensystems gewählt worden. Auf der Abszissenachse wurden in gleichen Abständen die Bezeichnungen 0^0, 90^0, 180^0, 270^0, 360^0 angebracht und als Ordinaten die zugehörigen Funktionswerte abgetragen, wie sie aus dem links gezeichneten Einheitskreise leicht entnommen werden können. Jeder Funktion entspricht eine besondere Kurve. **Greift man irgendeinen Punkt auf einer Kurve heraus, so mißt seine Abszisse den Winkel, seine Ordinate den zugehörigen Funktionswert.** In den Kurvenstücken, die zur Strecke 0^0 bis 90^0 gehören, wird man die früher erwähnten Kurven (Abb. 4, 5 und 6) erkennen. Die Kurven sollten alle auf Millimeterpapier neu gezeichnet werden. Dabei lasse man auf der Abszissenachse einem Winkelintervall von 20^0 eine Strecke von 1 cm entsprechen, den Halbmesser des Einheitskreises wähle man von der Länge 5 cm.

§ 8. Zurückführung der Funktionen beliebiger Winkel auf die Funktionen spitzer Winkel.

Wir haben bis jetzt immer von Winkeln zwischen 0^0 und 360^0 gesprochen. Es kann aber auch vorkommen, daß von Winkeln, die größer als 360^0 sind, die Rede sein muß. So kann z B. ein um eine Welle geschlungenes Seil wohl einen Winkel, der größer als 360^0 ist, umspannen. Auch die trig. Funktionen solcher Winkel können vorkommen.

Wie man nun aus der Darstellung der Funktionen am Einheitskreis leicht erkennt (Gleichungen 4 und 5 des vorhergehenden Paragraphen), kehrt jede goniometrische Funktion des Winkels α zu ihrem ursprünglichen Werte zurück, wenn der Winkel um 360^0 oder in Bogenmaß um 2π zunimmt. Denn dreht man den beweglichen Schenkel von irgendeiner Stellung α aus im positiven oder negativen Drehsinne ein- oder mehrmals rings herum, so kommt er wieder in die Ausgangsstellung zurück, und daher nehmen auch die Funktionen wieder die gleichen Werte an. Somit gelten die Formeln·

$$\sin (\alpha + n \cdot 360^0) = \sin \alpha; \quad \cos (\alpha + n \cdot 360^0) = \cos \alpha \qquad (1)$$

$$\mathrm{tg} (\alpha + n \cdot 360^0) = \mathrm{tg}\,\alpha; \quad \mathrm{ctg} (\alpha + n \cdot 360^0) = \mathrm{ctg}\,\alpha,$$

worin n eine beliebige positive oder negative ganze Zahl sein kann. Man drückt dies auch so aus: Die goniometrischen Funktionen haben die Periode 360° (2 π), womit eben nichts anderes gesagt sein soll, als daß sich der Funktionswert nicht verändert, wenn man den Winkel um 360° (2 π) vergrößert.

Die Funktionen Tangens und Kotangens ändern sich aber auch dann nicht, wenn man den Winkel nur um 180° oder Vielfache davon vergrößert. Aus dem vorhergehenden Paragraphen ergibt sich ja, daß bei einer Drehung des beweglichen Schenkels um 180° die gleichen den Tangens oder den Kotangens messen-

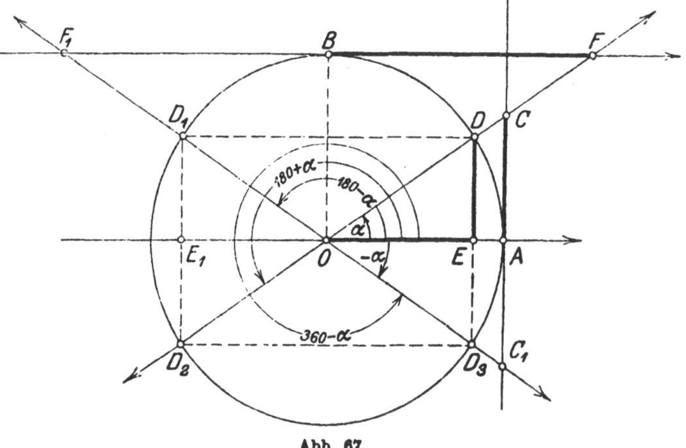

Abb. 67.

den Strecken AC bzw. BF auf den bezüglichen Tangenten abgeschnitten werden. Es ist somit

$$\operatorname{tg}(\alpha + n \cdot 180°) = \operatorname{tg}\alpha; \quad \operatorname{ctg}(\alpha + n \cdot 180°) = \operatorname{ctg}\alpha. \quad (2)$$

Wir erkennen also:

Die Funktionen Sinus und Kosinus haben die Periode 360° (2 π) und die Funktionen Tangens und Kotangens die Periode 180° (π).

Hieraus folgt nun, daß man irgendeine Funktion eines Winkels, der größer als 360° ist, immer darstellen kann durch eine Funktion eines Winkels, der in dem Gebiete von 0° bis 360° liegt, da man ja ein beliebiges ganzes Vielfaches von 360° subtrahieren kann.

Aus den Abb. 63 bis 66 ist ferner ersichtlich, daß jede Funktion, wenn wir vom Vorzeichen absehen, alle Zahlen-

werte, die sie überhaupt annehmen kann, schon durchläuft, wenn der Winkel alle Werte von 0⁰ bis 90⁰
durchwandert. So nehmen die Funktionen sin α und cos α alle
Werte zwischen 0 und 1, tg α und ctg α alle Werte zwischen 0
und ∞ bereits im 1. Quadranten an. — Unsere Aufgabe besteht
nun darin, zu zeigen, wie man die trig. Funktionen eines Winkels,
der größer als 90⁰ ist, durch die Funktionen eines Winkels im
1. Quadranten darstellen kann. Hierzu dienen die Abb. 67 und 68.

DerGrundgec'anke
bei der Ableitung
der folgenden For-
meln ist der: Man
zerlegt den ge-
gebenen Winkel x
in ein Vielfaches
von 90⁰ plus oder
minus einen spit-
zen Winkel α; also
in die Formen 90⁰
$\pm$ α; 180⁰ $\pm$ α;
270⁰ $\pm$ α; 360⁰
$\pm$ α. Man stellt
die Funktionen des
Winkels x ent-
sprechend denGlei-
chungen (4 und
5) in § 7 durch
Strecken am Ein-
heitskreis dar und

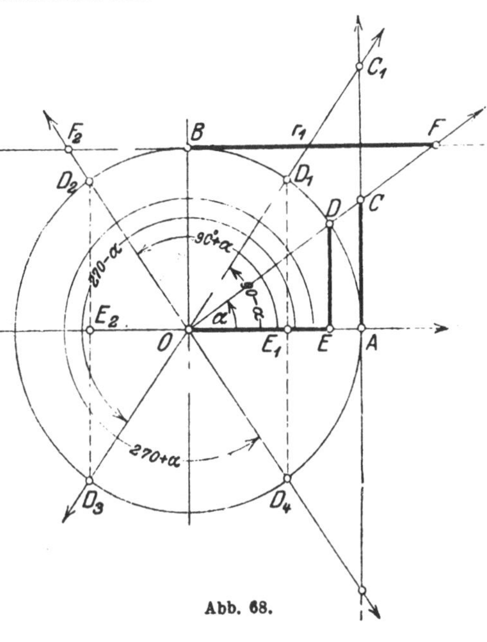

Abb. 68.

vergleicht sie mit den Strecken, welche die Funktionen des
spitzen Winkels α veranschaulichen. Man erhält in den Abbildungen immer kongruente rechtwinklige Dreiecke. — Wir unterscheiden die folgenden Formelgruppen:

    I. Der Winkel wird zerlegt in 180⁰ $\pm$ α; 360⁰ − α.

    Aus der Abb. 67 lesen wir dann ohne weiteres ab:

1. $\sin(180^0 - \alpha) = \sin\alpha$; denn $E_1 D_1 = E D$
   $\cos(180^0 - \alpha) = -\cos\alpha$; „ $C E_1 = -O E$
   $\operatorname{tg}(180^0 - \alpha) = -\operatorname{tg}\alpha$; „ $A C_1 = -A C$
   $\operatorname{ctg}(180^0 - \alpha) = -\operatorname{ctg}\alpha$; „ $B F_1 = -B F$

2. $\sin (180^0 + \alpha) = - \sin \alpha$; denn $E_1 D_2 = - E D$
   $\cos (180^0 + \alpha) = - \cos \alpha$;   „ $O E_1 = - O E$
   $\operatorname{tg} (180^0 + \alpha) = \operatorname{tg} \alpha$;   „ $A C = A C$
   $\operatorname{ctg} (180^0 + \alpha) = \operatorname{ctg} \alpha$;   „ $B F = B F$.

3. $\sin (360^0 - \alpha) = \sin (- \alpha) = - \sin \alpha$; denn $E D_3 = - E D$
   $\cos (360^0 - \alpha) = \cos (- \alpha) = \cos \alpha$;   „ $O E = O E$
   $\operatorname{tg} (360^0 - \alpha) = \operatorname{tg} (- \alpha) = - \operatorname{tg} \alpha$;   „ $A C_1 = - A C$
   $\operatorname{ctg} (360^0 - \alpha) = \operatorname{ctg} (- \alpha) = - \operatorname{ctg} \alpha$;   „ $B F_1 = - B F$

II. Der Winkel wird zerlegt in eine der Formen
$$90^0 \pm \alpha; \quad 270^0 \pm \alpha.$$

Aus der Abb. 68 ergibt sich:

4. $\sin (90^0 - \alpha) = \cos \alpha$; denn $D_1 E_1 = O E$
   $\cos (90^0 - \alpha) = \sin \alpha$;   „ $O E_1 = D E$
   $\operatorname{tg} (90^0 - \alpha) = \operatorname{ctg} \alpha$;   „ $A C_1 = B F$
   $\operatorname{ctg} (90^0 - \alpha) = \operatorname{tg} \alpha$;   „ $B F_1 = A C$

5. $\sin (90^0 + \alpha) = \cos \alpha$; denn $D_2 E_2 = O E$
   $\cos (90^0 + \alpha) = - \sin \alpha$;   „ $O E_2 = - E D$
   $\operatorname{tg} (90^0 + \alpha) = - \operatorname{ctg} \alpha$;   „ $A C_2 = - B F$
   $\operatorname{ctg} (90^0 + \alpha) = - \operatorname{tg} \alpha$;   „ $B F_2 = - A C$.

6. $\sin (270^0 - \alpha) = - \cos \alpha$; denn $E_2 D_3 = - O E$
   $\cos (270^0 - \alpha) = - \sin \alpha$;   „ $O E_2 = - E D$
   $\operatorname{tg} (270^0 - \alpha) = \operatorname{ctg} \alpha$;   „ $A C_1 = B F$
   $\operatorname{ctg} (270^0 - \alpha) = \operatorname{tg} \alpha$;   „ $B F_1 = A C$.

7. $\sin (270^0 + \alpha) = - \cos \alpha$; denn $E_1 D_4 = - O E$
   $\cos (270^0 + \alpha) = \sin \alpha$;   „ $O E_1 = E D$
   $\operatorname{tg} (270^0 + \alpha) = - \operatorname{ctg} \alpha$;   „ $A C_2 = - B F$
   $\operatorname{ctg} (270^0 + \alpha) = - \operatorname{tg} \alpha$;   „ $B F_2 = - A C$.

Alle diese Formeln sollen auswendig gelernt werden. Das ist nun nicht so schwierig, wie es den Anschein hat. Denn betrachten wir alle Formeln, so erkennen wir, daß überall dort, wo in der Zerlegung des Winkels ein **gerades Vielfaches von 90°** vorkommt (also 180°; 360° oder ein negativer Winkel), rechts genau die gleiche Funktion vorhanden ist wie links. In allen Formeln der Gruppe II dagegen steht rechts die Kofunktion der Funktion links.

Wir können daher alle Formeln in folgender Regel zusammenfassen:

a) Das Vorzeichen ergibt sich aus der Tabelle (3). des § 7.

b) Abgesehen vom Vorzeichen ist jede

$$\text{Funktion von} \begin{cases} -\alpha \\ 180^0 \pm \alpha \\ 360^0 - \alpha \end{cases} \text{gleich der \textbf{Funktion} von } \alpha;$$

und jede

$$\text{Funktion von} \begin{cases} 90^0 \pm \alpha \\ 270^0 \pm \alpha \end{cases} \text{gleich der \textbf{Kofunktion} von } \alpha.$$

Wie groß ist hiernach z. B. sin $(180^0 - \alpha)$? Der Winkel ist im zweiten Quadranten, dort ist der Sinus positiv; wegen 180^0 bleibt die Funktion; es ist also sin $(180^0 - \alpha) = \sin \alpha$.

Oder: cos $(180^0 + \alpha) =$? Der Winkel ist im dritten Quadranten; dort ist der Kosinus negativ; wegen 180^0 bleibt die Funktion; also cos $(180^0 + \alpha) = - \cos \alpha$.

Oder: tg $(90^0 + \alpha) =$? II. Quadrant; Tangens ist negativ; wegen 90^0 ist die Kofunktion zu setzen. tg $(90^0 + \alpha) = - \text{ctg } \alpha$.

Zusatz. Wir haben in den Formeln 1—7 vorausgesetzt, daß α ein spitzer Winkel sei; dies ist auch praktisch fast allein von Wichtigkeit. Wie man aber an Hand des Einheitskreises leicht nachweisen könnte, gelten alle Formeln auch dann, wenn α ein beliebiger (also nicht nur ein spitzer) Winkel ist.

Beispiele.

Gegeben ein Winkel; gesucht ein trigonometrischer Wert dieses Winkels.

$$\sin 245^0 10' = \sin (180^0 + 65^0 10') = - \sin 65^0 10' = - 0,9075$$
$$\cos 312^0 40' = \cos (270^0 + 42^0 40') = + \sin 42^0 40' = + 0,6777$$
$$\text{tg } 136^0 30' = \text{tg } (90^0 + 46^0 30') = - \text{ctg } 46^0 30' = - 0,9490$$
$$\text{ctg } 220^0 50' = \text{ctg} (180^0 + 40^0 50') = \text{ctg } 40^0 50' = + 1,157$$

sin $190^0 40' = - 0,1851$	sin $(- 32^0 34') = - 0,5383$
cos $218^0 40' = - 0,7808$	cos $(- 46^0 18') = + 0,6909$
tg $302^0 10' = - 1,590$	tg $(- 38^0 32') = - 0,7964$
ctg $(- 80^0 40') = - 0,1644$	ctg $(- 58^0 52') = - 0,6040$
sin $(- 160^0) = - 0,3420$	cos $218^0 54' = - 0,7782$
tg $(- 218^0) = - 0,7813$	tg $352^0 13' = - 0,1367$
sin $164^0 38' = + 0,2650$	ctg $167^0 35' = - 4,542$
sin $2000^0 = - 0,3420$	tg $1090^0 = 0,1763$
cos $400^0 = 0,7660$	ctg $600^0 = 0,5774$

arc $\alpha^0 = 4$; dann ist sin $\alpha = - 0,7568$; cos $\alpha = - 0,6536$
arc $\alpha^0 = 17$; tg $\alpha = 3,495$; ctg $\alpha = 0,2861$.

Gegeben ein trigonometrischer Wert; gesucht der Winkel.

Zu einem gegebenen trig. Werte gehören im allgemeinen zwei verschiedene Winkel zwischen 0^0 und 360^0, wie die folgenden Beispiele zeigen sollen.

1. Beispiel: $\sin x = 0{,}5$. $x = ?$

Da $\sin x$ positiv ist, kann x nur im I. oder II. Quadranten liegen (Abb. 67). Der erste Winkel ist $x_1 = 30^0$, der zweite Winkel $x_2 = 180 - 30^0 = 150^0$. Nur für diese zwei Winkel hat die Ordinate y im Einheitskreis die Länge 0,5.

2. Beispiel: $\cos x = -0{,}7660$. $x = ?$

Da $\cos x$ negativ ist, liegt der Winkel im II. oder III. Quadranten. Ist α der spitze Winkel, der zu dem Werte $\cos x = +0{,}7660$ gehört, so ist, wie man aus Abb. 67 leicht erkennen kann,

$$x_1 = 180^0 - \alpha \quad \text{und} \quad x_2 = 180^0 + \alpha.$$

Nun ist $\alpha = 40^0$; somit ist $x_1 = 140^0$ und $x_2 = 220^0$.

3. Beispiel: $\operatorname{tg} x = 1$. $x = ?$

x liegt im I. oder III. Quadranten.

$$x_1 = 45^0; \qquad x_2 = 180^0 + 45^0 = 225^0.$$

Der zweite Winkel kann bei Tangens und Kotangens aus dem ersten Winkel immer durch Addition der Periode 180^0 gefunden werden.

4. Beispiel: $\operatorname{ctg} x = -2{,}145$. $x = ?$

x liegt im II. oder IV. Quadranten. Ist α der spitze Winkel, der zu dem Werte $\operatorname{ctg} \alpha = +2{,}145$ gehört, so ist

$$x_1 = 180^0 - \alpha; \qquad x_2 = 360^0 - \alpha = x_1 + 180^0.$$

Nun ist $\alpha = 25^0$, somit ist

$$x_1 = 155^0; \qquad x_2 = 335^0.$$

Aus diesen Beispielen erkennt man die folgende Regel:

Das Vorzeichen des trig. Wertes bestimmt die beiden Quadranten, in denen der Winkel liegt.

Liegt nun der zu bestimmende Winkel x

$$\text{im} \left. \begin{cases} \text{II.} \\ \text{III.} \\ \text{IV.} \end{cases} \right\} \begin{array}{c} \text{Quadranten, so stellt} \\ \text{man ihn dar, als} \end{array} \left\{ \begin{array}{c} 180^0 - \alpha \\ 180^0 + \alpha \\ 360^0 - \alpha \end{array} \right\}, \text{ worin}$$

α den spitzen Winkel bedeutet, dessen Funktionswert gleich dem gegebenen, immer positiv genommenen trig. Werte ist.

Mit dieser Regel wird man in allen Fällen auskommen. Eine rasch entworfene Skizze des Einheitskreises wird immer gute Dienste leisten. Sofern der Winkel x im II. oder IV. Quadranten ist, müssen wir nach der gegebenen Regel einen Winkel α von 180^0 bzw. 360^0 subtrahieren; die Subtraktion könnte unter allen Umständen vermieden werden, wenn man auch hier die Kofunktionen verwenden würde.

Für den zweiten Winkel x_2 im ersten gegebenen Beispiel wäre die Überlegung so:

$x_2 = 90^0 +$ dem spitzen Winkel, dessen K o s i n u s gleich 0,5 ist, also

$x_2 = 90^0 + 60^0 = 150^0$ (wie oben).

x_1 im zweiten Beispiel könnte auch so bestimmt werden:

$x_1 = 90^0 +$ dem spitzen Winkel, dessen S i n u s gleich 0,7680 ist, also

$x_1 = 90^0 + 50^0 = 140^0$ (wie oben).

Für das vierte Beispiel wäre

$x_1 = \quad 90^0 +$ dem spitzen Winkel, dessen T a n g e n s gleich $+ 2{,}145$ ist.

$x_2 = 270^0 + \quad ,, \qquad ,, \qquad ,, \qquad ,, \qquad ,, \qquad ,, \quad + 2{,}145$ ist.

was zu den gleichen Winkeln $x_1 = 155^0$, $x_2 = 335^0$ führt.

Wenn man von einem Winkel x weiß, daß sin x positiv und cos x negativ ist, so ist der Winkel x e i n d e u t i g bestimmt, denn er kann nur im II. Quadranten liegen. Ist cos x negativ und tg x positiv, so liegt der Winkel im III. Quadranten usw. Sobald also das Vorzeichen einer z w e i t e n Funktion des Winkels gegeben ist, läßt die Aufgabe nur eine Lösung zu. Warum darf die zweite Funktion nicht die reziproke der ersten sein?

Ist der zu bestimmende Winkel x ein D r e i e c k s w i n k e l, so sind der III. und IV. Quadrant von vornherein ausgeschlossen, da ja ein Dreieckswinkel immer kleiner als 180^0 sein muß. Ein Dreieckswinkel ist durch seinen Kosinus, Tangens oder Kotangens eindeutig bestimmt, während zu seinem Sinus zwei Winkel zwischen 0^0 und 180^0 gehören. Der Sinus eines Dreieckswinkels ist immer positiv.

Weitere Beispiele:

sin $x =$	0,7364	$x_1 = \quad 47^034{,}5'$	$x_2 = \quad 132^034{,}5'$
cos $x =$	$- 0{,}6450$	$x_1 = 130^010'$	$x_2 = \quad 229^050'$
tg $x =$	$- 1{,}460$	$x_1 = 124^024$	$x_2 = \quad 304^024'$
ctg $x =$	2,0000	$x_1 = \quad 26^034'$	$x_2 = \quad 206^034'$
sin $x =$	$- 0{,}3680$	$x_1 = 201^036'$	$x_2 = \quad 338^024'$
cos $x =$	0,4000	$x_1 = \quad 66^025'$	$x_2 = - 66^025'$
tg $x =$	2,0000	$x_1 = \quad 63^026'$	$x_2 = \quad 243^026'$
sin $\alpha =$	0,1284 und cos α ist negativ	$\alpha = \quad 172^037'$	
tg $\alpha = - 1{,}41$	,, sin α ,, positiv	$\alpha = \quad 125^021'$	
cos $\alpha =$	0,3000 ,, tg α ,, negativ	$\alpha = \quad 287^027{,}5'$	
ctg $\alpha = - 1{,}208$	,, sin α ,, positiv	$\alpha = \quad 140^023'$.	

Gegeben ein Winkel; gesucht der Logarithmus einer trig. Funktion des Winkels und umgekehrt.

Beispiele:

log sin $153^028' = $ log cos $63^028' = 9{,}65003 - 10$

log cos $168^029'30'' = $ log $(- $ sin $78^029'30'') = 9{,}99118_n - 10$.

Das der Mantisse beigefügte n soll daran erinnern, daß der trig. Wert negativ ist.

$\log \operatorname{tg} 200^{0} = \log \operatorname{tg} 20^{0} = 9{,}56107 - 10$

$\log \operatorname{ctg} 350^{0} 18' 40'' = \log (- \operatorname{tg} 80^{0} 18' 40'') = 0{,}76768_{n}$

$\log \sin 124^{0} 28' 40'' = 9{,}91611 - 10$

$\log \cos 164^{0} 38' 42'' = 9{,}98421_{n} - 10$

$\log \operatorname{tg} 300^{0} 34' 28'' = 0{,}22856_{n}$

$\log \sin (- 56^{0}) = 9{,}91857_{n} - 10$

$\log \operatorname{tg} (240^{0} 36') = 0{,}24913$

$\log \cos (320^{0} 48') = 9{,}88927 - 10$

$\log \operatorname{tg} (- 40^{0} 38') = 9{,}93354_{n} - 10$

$\log \sin x = 9{,}80104 - 10$	$x_1 = 39^{0} 13' 56''$	$x_2 = 140^{0} 46' 4''$
$\log \cos x = 9{,}90145_{n} - 10$	$x_1 = 142^{0} 50' 36''$	$x_2 = 217^{0} 9' 24''$
$\log \operatorname{tg} x = 0{,}70866_{n}$	$x_1 = 101^{0} 4'$	$x_2 = 281^{0} 4'$
$\log \operatorname{ctg} x = 9{,}90304 - 10$	$x_1 = 51^{0} 20' 37''$	$x_2 = 231^{0} 20' 37''$
$\log \sin x = 9{,}81992 - 10$	$x_1 = 41^{0} 20' 36''$	$x_2 = 138^{0} 39' 24''$
$\log \sin x = 9{,}97479 - 10$	$x_1 = 70^{0} 40'$	$x_2 = 109^{0} 20'$
$\log \cos x = 9{,}81402_{n} - 10 \, (\sin = +)$		$x = 130^{0} 40'$
$\log \operatorname{tg} x = 0{,}97234 \, (\cos = -)$		$x = 263^{0} 55'$
$\log \operatorname{ctg} x = 9{,}98463_{n} - 10 \, (\sin = +)$		$x = 133^{0} 59' 12''.$

Im Altertum waren ausschließlich rechtwinklige Dreiecke Gegenstand der Untersuchung. Die Verallgemeinerung der damals bekannten Funktionen auf Winkel zwischen 90° und 180° wurde von den Arabern vorgenommen (Al-Battani († 929, Damaskus]). Das Verhalten der einzelnen Funktionen in den verschiedenen Quadranten wurde von Leonhard Euler (1707—1783) in seiner „Introductio" klar und übersichtlich entwickelt. Die Unterscheidung des Richtungs- und Drehungssinnes verdankt man hauptsächlich Möbius (1790—1868).

§ 9. Einige Anwendungen.

1. Einige Beispiele zur Wiederholung und Erweiterung des in § 6 besprochenen Stoffes.

1. Nach § 6, Beispiel 6 ist der Inhalt eines Parallelogramms bzw. Dreiecks gegeben durch $J = ab \sin \gamma$ bzw. $J = 0{,}5 \cdot ab \sin \gamma$. Zeige, daß diese Formeln auch noch gültig sind, wenn der von den Seiten a und b eingeschlossene Winkel γ stumpf ist. — Berechne und zeichne die Dreiecke mit den Seiten $a = 8$, $b = 6$ cm und den Winkeln $\gamma = 30^{0}$; 60^{0}; 90^{0}; 120^{0}; 150^{0}. Zeichne alle Dreiecke über der gleichen Grundlinie a.

2. Zeige, daß die Gleichungen 1, 2 und 3 in Beispiel 37, § 6 (Kurbelgetriebe) auch für Winkel α größer als 90° Gültigkeit haben. Führe die dort berechnete Tabelle für die Verschiebung x des Kreuzkopfes weiter bis zu 180°. Trage in einem Koordinatensystem als Abszisse den Winkel α, als Ordinate die zugehörige Verschiebung x auf.

3. Zeige, daß die Formeln

$$s = 2 \, r \cdot \sin \frac{\alpha}{2}; \quad h = r \left(1 - \cos \frac{\alpha}{2}\right); \quad J = \frac{r^2}{2} (\bar{\alpha} - \sin \alpha),$$

die wir in § 6, Beispiele 38 und 62 abgeleitet haben, für alle Winkel zwischen 0^0 und 360^0 Gültigkeit haben. Setze im besondern in die Formeln die Werte ein $\alpha = 180^0$, 270^0, 360^0. Besondere Aufmerksamkeit verdient die dritte der obigen Formeln für Winkel α, die größer als 180^0 sind. Welches ist die Bedeutung der einzelnen Glieder $\dfrac{r^2}{2} \cdot \widehat{\alpha}$ und $\dfrac{r^2}{2} \sin \alpha$?

4. Die Höhe eines gleichschenkligen Trapezes mißt 15 cm, die beiden Parallelen a und b haben die Längen $a = 11{,}2$ cm und $b = 4{,}8$ cm. (Zeichne das Trapez.) Von der Trapezfläche werden zwei Kreisabschnitte weggenommen, die beide kleiner als ein Halbkreis sind, und zwar ein Abschnitt mit der Sehne a und dem Halbmesser $R = 6{,}5$ cm und ein Abschnitt mit der Sehne b und dem Halbmesser $r = 3$ cm. Berechne den Inhalt der Restfläche des Trapezes. (Ergebnis: $J = 90{,}59$ cm².)

5. Die Mittelpunkte zweier Kreise von gleichem Halbmesser r haben voneinander die Entfernung a ($a < 2\,r$). Berechne 1. den Inhalt J_1 des Flächenstückes, das beide Kreise gemeinsam haben; 2. den Inhalt J_2 eines der beiden nicht gemeinsamen sichelförmigen Flächenstücke. 3. Berechne J_1 für $a = 0{,}1\,d$; $0{,}2\,d$; .... bis $a = 0{,}9\,d$ ($d =$ Durchmesser eines Kreises). 4. Bestimme den Abstand a, für den der eine Kreis gerade die Hälfte, oder ein Drittel usw. des andern überdeckt.

Ergebnisse: Die zwei Halbmesser eines Kreises, die nach den beiden Schnittpunkten der Kreise gehen, mögen miteinander den Winkel α einschließen. α kann berechnet werden aus $\cos\dfrac{\alpha}{2} = a : 2\,r = a : d$. Es ist dann:

1. $J_1 = r^2(\widehat{\alpha} - \sin \alpha)$.   2. $J_2 = r^2(\pi - \widehat{\alpha} + \sin \alpha)$.

3. Für $a = 0{,}1\,d$	$0{,}2\,d$	$0{,}3\,d$	$0{,}4\,d$	$0{,}5\,d$
wird $J_1 = 2{,}743\,r^2$	$2{,}347$	$1{,}960$	$1{,}585$	$1{,}228$

Für $a = 0{,}6\,d$	$0{,}7\,d$	$0{,}8\,d$	$0{,}9\,d$
wird $J_1 = 0{,}895$	$0{,}591$	$0{,}327$	$0{,}117\,r^2$

4. Zur Lösung der vierten Aufgabe bedient man sich zweckmäßig des Millimeterpapiers. Man trage auf einer Abzissenachse die Werte $a = 0{,}1\,d$; $0{,}2\,d$; ...... $0{,}9\,d$ ab und errichte als Ordinaten die zugehörigen Werte J_1. Einem Intervall $0{,}1\,d$ möge eine Strecke von 2 cm, einem Intervall $0{,}1\,r^2$ eine Strecke von 0,5 cm entsprechen. Überdeckt nun der eine Kreis gerade die Hälfte des andern, so ist

$$J_1 = \frac{r^2 \pi}{2} = r^2(\widehat{\alpha} - \sin \alpha) = 1{,}5708\,r^2.$$

Aus der Abbildung wird man finden, daß zu diesem Werte J_1 der Wert $a = 0{,}404\,d$ gehört, oder der Winkel $\alpha = 132^0 20'$. Wir haben auf diese Weise die Lösung der Gleichung

$$\frac{\pi}{2} = \widehat{\alpha} - \sin \alpha$$

gefunden.

6. In der Abb. 69 ist O der Mittelpunkt eines Kreises, O_1 ein beliebiger Punkt im Innern des Kreises. Berechne die Fläche AO_1B aus $OO_1 = a$; $OB = R$ und dem Winkel $AO_1B = \alpha$. — Ziehe OC parallel O_1B; dann ist die Fläche

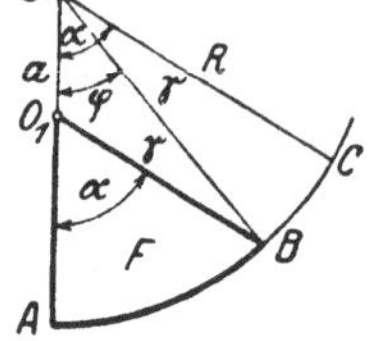

Abb. 69.

$$F = \text{Ausschnitt } AOC - \text{Ausschnitt } BOC - \text{Dreieck } OBO_1,$$

oder

$$F = \frac{R^2}{2}\,\hat{\alpha} - \frac{R^2}{2}\,\hat{\gamma} - \frac{aR}{2}\sin\varphi\,,$$

$$F = \frac{R^2}{2}(\hat{\alpha} - \hat{\gamma}) - \frac{aR}{2}\sin\varphi\,. \tag{1}$$

Der Winkel γ folgt aus dem Dreieck OBO_1

$$\sin\gamma = \frac{a}{R}\cdot\sin\alpha\,. \tag{2}$$

Ferner ist

$$\varphi = \alpha - \gamma\,. \tag{3}$$

Beweise:

$$\varrho = O_1 B = \sqrt{R^2 - a^2\sin^2\alpha} - a\cos\alpha\,.$$

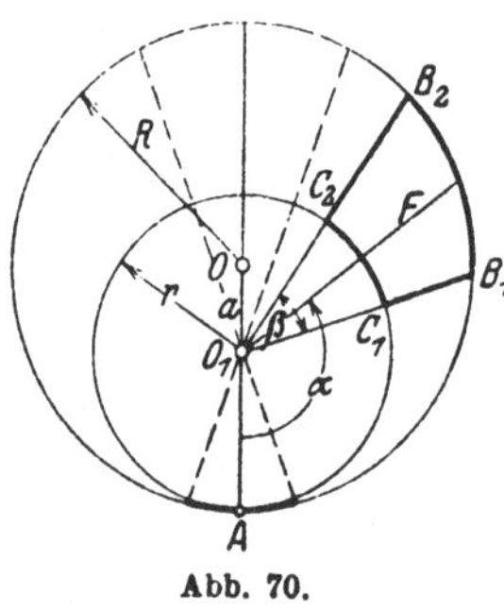

Abb. 70.

Um den Mittelpunkt O_1 drehe ein Ausschnitt mit dem konstanten Mittelpunktswinkel β^0 (Abb. 70). Außerdem sei um O_1 ein Kreis geschlagen (r), der den großen Kreis in A berührt. Es soll die Fläche $B_1B_2C_2C_1$ für jenen Winkel α berechnet werden, der zur Halbierungslinie des Winkels β^0 gehört. β sei ein bestimmter ganzzahliger Teil von 360^0.

$$\beta^0 = 360^0 : n \quad\text{oder}\quad \hat{\beta} = 2\pi : n$$

der Stellung $O_1 B_2$ entsprechen die Winkel

$$\alpha + \frac{\pi}{n}\,;\ \varphi_2;\ \gamma_2.$$

der Stellung $O_1 B_1$ entsprechen die Winkel $\alpha - \dfrac{\pi}{n}\,;\ \varphi_1;\ \gamma_1$.

Dann ist die Fläche F nach (1) offenbar gleich

$$F = (R^2 - r^2)\cdot\frac{\pi}{n} - \frac{R^2}{2}(\hat{\gamma}_2 - \hat{\gamma}_1) - \frac{aR}{2}(\sin\varphi_2 - \sin\varphi_1)\,. \tag{4}$$

Nach (2) und (3) ist

$$\sin\gamma_2 = \frac{a}{R}\sin\left(\alpha^0 + \frac{180^0}{n}\right) \quad\text{und}\quad \sin\gamma_1 = \frac{a}{R}\cdot\sin\left(\alpha^0 - \frac{180^0}{n}\right)$$

$$\varphi_2 = \alpha_0 + \frac{180^0}{n} - \gamma_2 \quad\text{und}\quad \varphi_1 = \alpha^0 - \frac{180^0}{n} - \gamma_1\,.$$

Für $R = 100$ cm; $r = 80$ cm; $a = 20$ cm; $a:R = 0{,}2$; $n = 18$, also $\beta^0 = 20^0$ sind die Werte von F in der folgenden Tabelle für einige Winkel berechnet.

$\alpha =$	0^0	20^0	40^0	60^0	80^0	100^0	120^0	140^0	160^0	180^0
$F =$	2,3	29,5	112,7	251,6	445,8	682,3	936,6	1168	1332	1391

7. Beweise: Sind α, β, γ die drei Winkel eines Dreiecks, so ist

$$\sin(\alpha + \beta) = \sin\gamma \qquad \cos(\alpha + \beta) = -\cos\gamma \qquad \operatorname{tg}(\alpha + \beta) = -\operatorname{tg}\gamma$$

$$\sin\frac{\alpha + \beta}{2} = \cos\frac{\gamma}{2} \qquad \cos\frac{\alpha + \beta}{2} = \sin\frac{\gamma}{2} \qquad \operatorname{tg}\frac{\alpha + \beta}{2} = \operatorname{ctg}\frac{\gamma}{2}.$$

2. Berechnung der Resultierenden mehrerer Kräfte. Vektoren.

Es mögen auf einen materiellen Punkt O mehrere in der gleichen Ebene liegende Kräfte P_1, P_2, P_3 .... wirken; es soll die Resultierende R der Kräfte sowohl der Größe als der Richtung nach bestimmt werden.

Die Lösung dieser Aufgabe kann entweder durch Rechnung oder durch Zeichnung geschehen.

a) Rechnerische Lösung. Wir denken uns in der Ebene der Kräfte ein Koordinatensystem gezeichnet, dessen Anfangspunkt mit O zusammenfällt (Abb. 71). Die x-Achse mag in irgendwelcher Richtung gewählt werden. Die einzelnen Kräfte P_1, P_2, P_3 .... mögen mit der positiven x-Achse die Winkel α_1, α_2, α_3 .... einschließen. Unter α ist dabei jedesmal der Winkel zu verstehen, um den man die positive x-Achse im positiven Drehungssinn drehen muß, bis sie mit der Kraftrichtung zusammenfällt. α kann also einen Winkel von 0—360^0 bedeuten.

Wir zerlegen jede einzelne Kraft P nach den Richtungen der Koordinatenachsen in

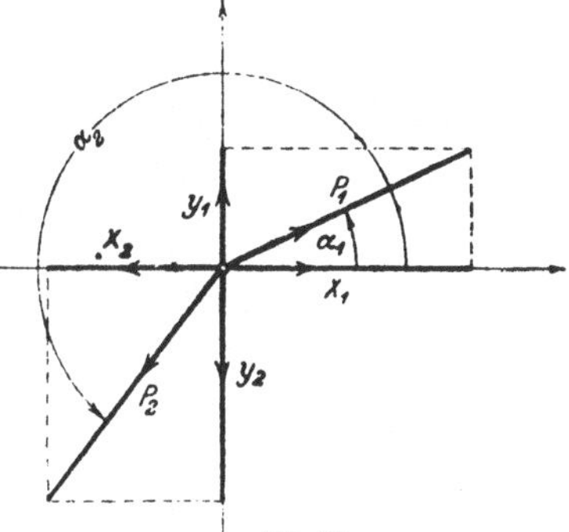

Abb. 71.

zwei Komponenten X und Y welche man, wie man aus der Abbildung leicht ersehen kann, stets durch die Gleichungen

$$X = P\cos\alpha \qquad Y = P\sin\alpha \tag{1}$$

berechnen kann. Geht P z. B. durch den dritten Quadranten, so ist sowohl X als Y negativ.

Alle in der x-Achse wirkenden Kräfte setzen wir zu einer Resultierenden R_x, alle in der y-Achse wirkenden zu einer Resultierenden R_y zusammen. Es ist

$$R_x = X_1 + X_2 + X_3 + \cdots = P_1\cos\alpha_1 + P_2\cos\alpha_2 + P_3\cos\alpha_3 + \cdots$$
$$R_y = Y_1 + Y_2 + Y_3 + \cdots = P_1\sin\alpha_1 + P_2\sin\alpha_2 + P_3\sin\alpha_3 + \cdots \tag{2}$$

Die Resultierende R aus R_x und R_y ist die gesuchte Resultierende der Kräfte P_1, P_2, P_3 .... und zwar ist, da R_x und R_y aufeinander senkrecht stehen,

$$R = \sqrt{R_x^2 + R_y^2}. \tag{3}$$

R schließt mit der positiven x-Achse einen Winkel α ein, der sich aus der Gleichung

$$\operatorname{tg}\alpha = \frac{R_y}{R_x} \tag{4}$$

bestimmen läßt. Damit ist die Aufgabe gelöst.

Halten sich die Kräfte das Gleichgewicht, so ist die Resultierende $R = 0$; nach Gleichung (3) ist dann sowohl R_x als R_y gleich 0, d. h. wenn sich mehrere in einer Ebene wirkende Kräfte das Gleichgewicht halten, so müssen (nach Gleichung 2) die Komponentensummen nach irgend zwei zueinander senkrecht stehenden Achsen verschwinden.

Wir haben bis jetzt vorausgesetzt, daß die Kräfte auf den gleichen Punkt O wirken Die Resultierende geht dann ebenfalls durch O. Wirken

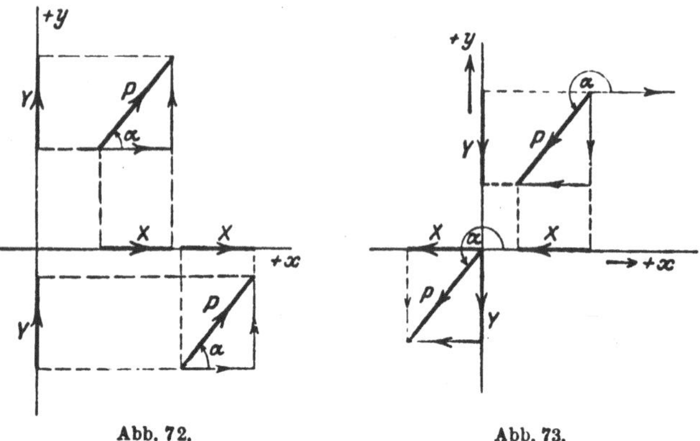

Abb. 72.   Abb. 73.

die Kräfte P nicht auf den gleichen Punkt, so kann man die Größe und Richtung der Resultierenden genau nach der gleichen Methode bestimmen. Unter dem Winkel α ist dann der Winkel zu verstehen, unter dem man eine durch den Angriffspunkt der Kraft gehende Parallele zur positiven x-Achse drehen muß, bis sie mit der Kraftrichtung zusammenfällt. (Siehe die Abb. 72 und 73). Die Abbildungen zeigen auch, daß gleichgroße und gleichgerichtete Kräfte gleiche Projektionen auf die x- bzw. y-Achse liefern.

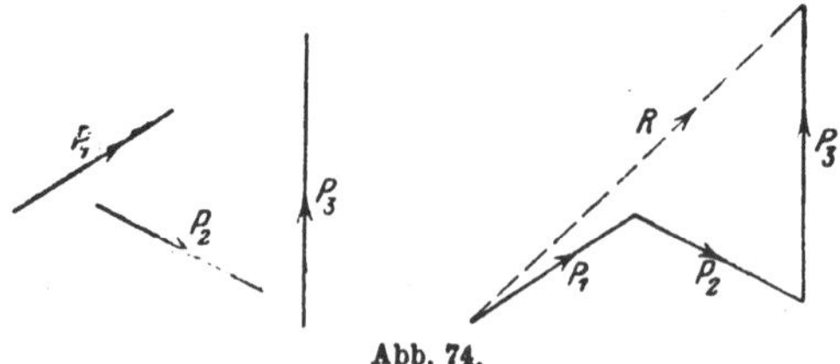

Abb. 74.

Wirken die Kräfte nicht auf den gleichen Punkt O, so muß noch die Lage der Resultierenden bestimmt werden. Dazu benutzt man nach der Mechanik den Satz, daß das statische Moment der Resultierenden gleich ist der algebraischen Summe der statischen Momente der Einzelkräfte bezogen auf einen beliebigen Momentenpunkt. Wir gehen hier auf dies Dinge nicht ein.

b) **Graphische Lösung.** In Abb. 74 sind links drei Kräfte P_1, P_2, P_3 der Größe und Richtung nach veranschaulicht. Man erhält ihre Resultierende R, indem man, irgendwo beginnend, die Strecken zu einem Linienzug zusammensetzt, wie es rechts in der Abbildung geschehen ist. Die Seiten des Vielecks (rechts) sind gleich und gleich gerichtet wie die Kräfte links und alle Pfeilspitzen sind im gleichen Umfahrungssinn geordnet. Die Strecke R, die vom Anfangspunkt des Vielecks nach dessen Endpunkt gezogen werden kann, gibt die Größe und Richtung der Resultierenden. Das Vieleck nennt man auch das **Kräftevieleck** und R heißt die **Schlußlinie** des Kräftevielecks. Der Pfeil von R ist immer dem Umfahrungssinne der übrigen Vieleckseiten entgegengesetzt. R ist unabhängig von der Reihenfolge, in der man die Einzelkräfte $P_1 P_2$, P_3 zusammensetzt, d. h. vom gleichen Anfangspunkt aus kann man verschiedene Vielecke mit den Seiten P_1, P_2, P_3 bilden, man kommt immer zum gleichen Endpunkt.

Sind mehr als drei Kräfte zusammenzusetzen, so verfährt man genau auf die gleiche Weise.

In den Abb. 75 und 76 sind zwei Kräftevielecke gezeichnet. Projiziert man ein solches Vieleck auf irgendeine gerade Linie, z. B. auf die hori-

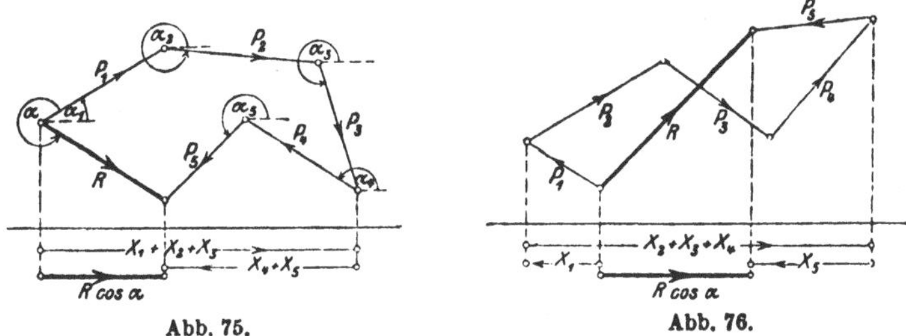

Abb. 75.   Abb. 76.

zontale Gerade der Abbildungen, so erkennt man leicht, daß die Projektion der Resultierenden gleich ist der algebraischen Summe der Projektionen der einzelnen Kräfte. Die horizontale Gerade möge man sich mit einem Pfeil behaftet denken, der dem Durchlaufungssinn von links nach rechts entspricht.

Ist $R = 0$, dann ist das **Kräftevieleck geschlossen** und die **Projektion des Vielecks auf eine beliebige Gerade ist Null.** Projiziert man ein Kräftevieleck im besondern auf die Achsen eines Koordinatensystems in seiner Ebene, so erhält man die Gleichungen (2) des vorigen Abschnitts, aus denen sich die Gleichungen (3) und (4) wieder ableiten ließen.

Wie wir Kräfte durch Strecken dargestellt haben, so könnte man jede Größe, die eine bestimmte Richtung besitzt, durch eine Strecke veranschaulichen. Man nennt Größen, zu deren Bestimmung eine bloße Zahlenangabe nicht genügt, die noch eine bestimmte Richtung besitzen, allgemein **Vektoren**, und man überträgt diese Bezeichnung auch auf die Strecken, welche diese Größen veranschaulichen. Die drei Vektoren

P_1, P_2, P_3 der Abb. 74 könnten auch Geschwindigkeiten darstellen. R ist die „geometrische Summe" der Vektoren oder die resultierende Geschwindigkeit.

Beispiele:

Alle folgenden Beispiele möge man sowohl graphisch als rechnerisch behandeln. In allen Beispielen kann eine Kraft von 10 kg durch eine Strecke von 1 cm Länge veranschaulicht werden. In der Zeichnung stellt man die Kräfte durch äußerst dünne Linien dar. Über die Konstruktion eines Winkels siehe § 6, Aufgabe 40 und § 3, Aufgabe 8. In allen Beispielen nehmen wir die Richtung der ersten Kraft als die Richtung der positiven x-Achse an; es ist also $\alpha_1 = 0$. Um die rechnerische Behandlung übersichtlich zu gestalten, bedient man sich praktisch des Schemas, wie es im folgenden Beispiel ausgeführt ist.

1. Bestimme die Resultierende R der Kräfte: $P_1 = 65$; $P_2 = 111$; $P_3 = 40$; $P_4 = 75$ kg. $\alpha_1 = 0^0$; $\alpha_2 = 160^0$; $\alpha_3 = 240^0$; $\alpha_4 = 310^0$.

Kraft	Winkel	$X = P \cdot \cos \alpha$		$Y = P \cdot \sin \alpha$	
		+	−	+	−
$P_1 = 65$ kg	$\alpha_1 = 0^0$	65,00		0	
$P_2 = 111$ „	$\alpha_2 = 160^0$		− 104,31	37,96	
$P_3 = 40$ „	$\alpha_3 = 240^0$		− 20,00		− 34,64
$P_4 = 75$ „	$\alpha_4 = 310^0$	48,21			− 57,45
		113,21	− 124,31	37,96	− 92,09

Es ist also $R_x = -11,10$; $R_y = -54,13$, somit

$$R = \sqrt{R_x^2 + R_y^2} = 55,26 \text{ kg}; \qquad \operatorname{tg} \alpha = \frac{-54,13}{-11,10}; \text{ daraus folgt}$$

$$\alpha = 258^0 \, 25'.$$

2. Zu $P_1 = 70$; $P_2 = 50$ kg; $\alpha_1 = 0^0$; $\alpha_2 = 70^0$ gehört $R = 98,97$ kg; $\alpha = 28^0 21'$.

3. Zu $P_1 = 70$; $P_2 = 50$; $P_3 = 60$ kg; $\alpha_1 = 0^0$; $\alpha_2 = 70^0$; $\alpha_3 = 160^0$ gehört $R = 74,17$; $\alpha = 65^0 32'$.

4. Zu $P_1 = 100$; $P_2 = 80$; $P_3 = 70$ kg; $\alpha_1 = 0^0$; $\alpha_2 = 160^0$; $\alpha_3 = 250^0$ gehört $R = 38,43$; $\alpha = 271^0 20'$.

5. Zu $P_1 = 40$; $P_2 = 50$; $P_3 = 80$; $P_4 = 100$; $P_5 = 70$; $\alpha_1 = 0^0$; $\alpha_2 = 60^0$; $\alpha_3 = 150^0$; $\alpha_4 = 230^0$; $\alpha_5 = 300^0$ gehört $R = 63,5$ kg; $\alpha = 238^0 6'$.

8. Rechtwinklige und Polarkoordinaten eines Punktes.

Wir nannten die Strecken x und y in Abb. 62 die rechtwinkligen Koordinaten eines Punktes P in bezug auf die Achsen eines Koordinatensystems. Nun ist aber offenbar die Lage des Punktes P auch vollkommen bestimmt, wenn man seinen Abstand r vom Nullpunkt, sowie den Winkel α kennt, den r mit der positiven x-Achse einschließt. Man nennt r und α die Polarkoordinaten des Punktes P; im besondern heißt r der Radius oder Radiusvektor und α der Richtungswinkel oder die Amplitude. Die einen Koordinaten, x und y, können offenbar leicht aus den andern, r und α, berechnet werden.

Aus Abb. 62 folgt

$$x = r \cos \alpha$$
$$y = r \sin \alpha . \tag{1}$$

Durch Quadrieren und Addieren folgt hieraus

$$r = \sqrt{x^2 + y^2}. \tag{2}$$

und durch Division $\qquad \operatorname{tg} \alpha = y : x .$

In (1) werden die rechtwinkligen Koordinaten x und y aus den Polarkoordinaten r und α, in (2) die Polarkoordinaten r und α aus den rechtwinkligen x und y berechnet.

Beispiele:

1. Zu $x = 3{,}2$ cm; $y = 6{,}0$ cm gehören $r = 6{,}8$ cm; $\alpha = 61^0 56'$
2. „ $x = -5$ „ ; $y = 8$ „ „ $r = 9{,}43$ „ ; $\alpha = 122^0$
3. „ $x = -5$ „ ; $y = -3$ „ „ $r = 5{,}83$ „ ; $\alpha = 210^0 58'$
4. „ $x = 4$ „ ; $y = -7$ „ „ $r = 8{,}06$ „ : $\alpha = 299^0 45'$
5. „ $r = 20$ „ ; $\alpha = 75^0$ „ $x = 5{,}18$ „ ; $y = 19{,}32$ cm
6. „ $r = 10$ „ ; $\alpha = 160^0$ „ $x = -9{,}40$ „ ; $y = +3{,}42$ „
7. „ $r = 8$ „ ; $\alpha = 250^0$ „ $x = -2{,}74$ „ ; $y = -7{,}52$ „
8. „ $r = 12$ „ ; $\alpha = 319^0$ „ $x = +9{,}06$ „ ; $y = -7{,}87$ „

4. Raumkoordinaten.

Man ziehe durch einen beliebigen Punkt O des Raumes drei aufeinander senkrecht stehende Achsen OX, OY, OZ (Abb. 77). Die senkrechten Abstände eines Punktes P von den drei Ebenen YOZ, XOZ und XOY heißen seine räumlichen rechtwinkligen Koordinaten x bzw. y und z. $OP = r$ schließe mit den Koordinatenachsen OX, OY und OZ die bezüglichen Winkel α, β, γ ein; dann ist:

$$OA = r \cos \alpha = x,$$
$$OB = r \cos \beta = y, \tag{1}$$
$$OC = r \cos \gamma = z.$$

Durch Quadrieren und Addieren erhält man:

$$r^2(\cos^2 \alpha + \cos^2 \beta + \cos^2 \gamma) = x^2 + y^2 + z^2.$$

Nun ist aber:

$$x^2 + y^2 = \overline{OM}^2 \text{ und}$$
$$r^2 = \overline{OM}^2 + z^2 \text{ und daher}$$

$x^2 + y^2 + z^2 = r^2$; daraus folgt:

$$\cos^2 \alpha + \cos^2 \beta + \cos^2 \gamma = 1 . \tag{2}$$

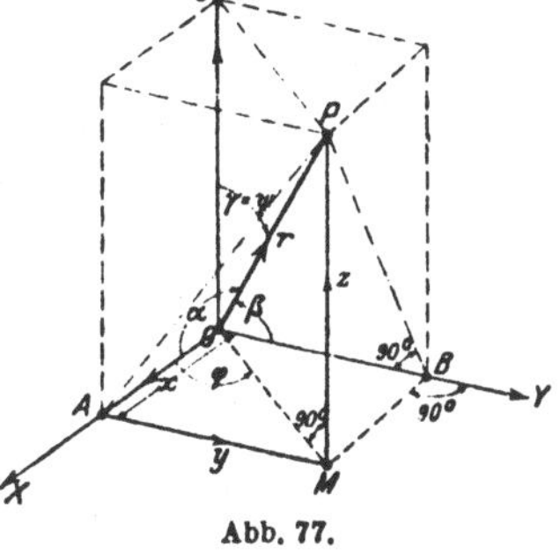

Abb. 77.

α, β, γ heißen die Richtungswinkel von OP und ihre Kosinus die Richtungskosinus der Geraden OP. Diese Winkel sind durch die Gleichung (2) aneinander gebunden.

Die Gerade OM schließe mit OX den Winkel φ und OP mit OZ den Winkel ψ ein. Wird r, wie früher, stets positiv gerechnet, dann ist die Lage des Punktes P durch die Angaben der Größen r, φ und ψ ebenfalls bestimmt. r. φ und ψ heißen die **Polarkoordinaten** des Punktes P. Der Zusammenhang zwischen den rechtwinkligen und den Polarkoordinaten ist der folgende:

$$OM = r \sin \psi \quad \text{und} \quad x = \overline{OM} \cos \varphi, \text{ somit}$$
$$x = r \cos \varphi \cdot \sin \psi,$$
$$y = \overline{OM} \sin \varphi = r \sin \varphi \sin \psi,$$
$$z = r \cos \psi.$$

Sind somit r, φ und ψ gegeben, dann findet man x, y und z nach

$$\begin{aligned} x &= r \cos \varphi \sin \psi, \\ y &= r \sin \varphi \sin \psi \\ z &= r \cos \psi. \end{aligned} \qquad (3)$$

Sind dagegen x, y und z gegeben, dann findet man aus der Abbildung oder durch Auflösung der Gleichungen (3);

$$\begin{aligned} r &= \sqrt{x^2 + y^2 + z^2}, \\ \cos \psi &= z : r \\ \operatorname{tg} \varphi &= y : x. \end{aligned} \qquad (4)$$

Der Vektor OP ist die geometrische Summe der drei Vektoren x, y, z; oder x, y, z sind die drei Komponenten von r. OP kann als Resultierende der drei Kräfte OA, OB und OC aufgefaßt werden. Die als **unbegrenzt** gedachten Ebenen YOZ, XOZ und XOY zerlegen den ganzen Raum in **8 Teile oder Oktanten.** Der erste Oktant sei der in der Abb. 77 gezeichnee, also die von den Kanten $+X$, $+Y$, $+Z$ gebiidete körperliche Ecke.

Beispiele:

1. Ein Vektor schließe mit der Richtung OX den Winkel 60^0, mit OY den Winkel 40^0 ein und gehe durch den ersten Oktanten. Bestimme den Winkel dieses Vektors mit der Z-Achse.

Es ist $\cos^2 40 + \cos^2 60 + \cos^2 \gamma = 1$; daraus folgt:

$$\gamma = 66^0 \, 10'.$$

2. Die Kraft $OP = R$ hat die drei aufeinander senkrecht stehenden Komponenten $X = 20$ kg, $Y = 30$ kg, $Z = 40$ kg. Wie groß ist R und welche Winkel schließt die Kraft mit den Koordinatenachsen ein?

$$R = \sqrt{20^2 + 30^2 + 40^2} = 53{,}85 \text{ kg}.$$
$$\cos \alpha = X : R \text{ usw.}$$
$$\alpha = 68^0 \, 12'; \quad \beta = 56^0 \, 9'; \quad \gamma = 42^0 \, 2'.$$

Prüfe, ob $\cos^2 \alpha + \cos^2 \beta + \cos^2 \gamma = 1$.

3. Die Komponenten von R seien $X = 250$ kg, $Y = -100$ kg, $Z = 420$ kg.

Berechne R, α, β, γ.

Ergebnisse: $R = 498{,}9$ kg; $\alpha = 59^0 56'$; $\beta = 101^0 34'$; $\gamma = 32^0 40'$.

4. Eine Kraft von 2000 kg schließt mit der positiven Z-Achse einen Winkel $\psi = 20^\circ$ ein. Ihre Projektion auf die XY-Ebene bildet mit der positiven X-Achse den Winkel $\varphi = 40^\circ$. Berechne die Komponenten der Kraft in den Richtungen der Koordinatenachsen.

Ergebnisse: $X = 523{,}9\,\text{kg}$; $Y = 439{,}7\,\text{kg}$; $Z = 1879{,}4\,\text{kg}$.

5. Die rechtwinkligen Koordinaten eines Punktes sind

$$x = 4\,\text{cm}; \quad y = 5\,\text{cm}; \quad z = 10\,\text{cm}.$$

Berechne seine Polarkoordinaten.

Ergebnisse: $r = 11{,}87\,\text{cm}$. $\quad \varphi = 51^\circ 20'$; $\quad \psi = 32^\circ 38'$.

5. Einige Kurven.

1. Ziehe durch den Nullpunkt eines ebenen Koordinatensystems eine Reihe von Strahlen, etwa von 10 zu 10°, und trage auf den entsprechenden Strahlen von O aus die Länge r ab, welche sich aus der Gleichung ergibt:

$$r = 2a(1 + \cos \varphi) \quad \text{für } a = 2{,}5\,\text{cm (Kardioide)}.$$

2. Zeichne die Bilder, die den folgenden Gleichungen entsprechen.

a) $r = 5 \sin(2\alpha)$ α von 0° bis 360°

b) $r = 5 \sin(3\alpha)$ α „ 0° „ 360°

c) $r = 5 - 3 \cos \alpha$ α „ 0° „ 360°

d) $r = \dfrac{4}{1 + 0{,}5 \cos \alpha}$ e) $r = \dfrac{4}{1 + \cos \alpha}$

f) $r = \dfrac{10}{1 + 1{,}5 \cos \alpha}$ g) $r = 5 \sqrt{\sin \alpha}$

h) $r = 10 \sqrt{\cos(2\alpha)}$

3. Zeige, daß sich nach der bekannten Konstruktion der Ellipse, aus

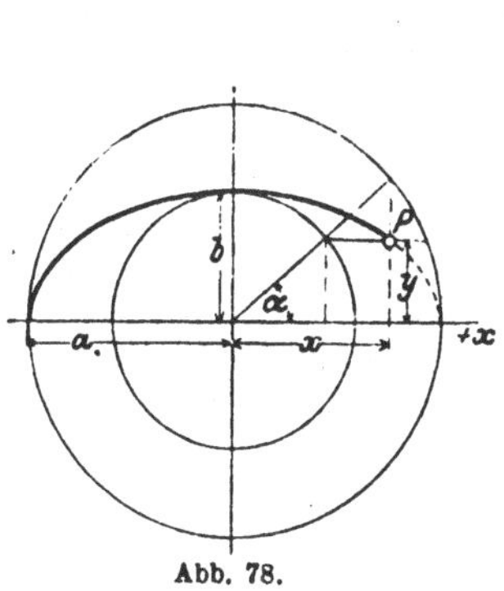

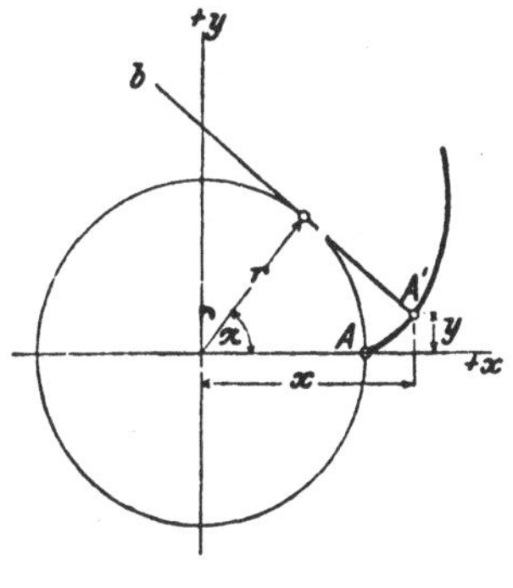

Abb. 78.   Abb. 79.

dem ein- und umschriebenen Kreis, für die Koordinaten eines Ellipsenpunktes P die Gleichungen ergeben (Abb. 78):

$$x = a \cos \alpha, \qquad y = b \sin \alpha.$$

Berechne die Koordinaten x und y für verschiedene α unter der Annahme: $a = 5\,\text{cm}$, $b = 3\,\text{cm}$ und zeichne die Kurve. Zeige, daß die Koordinaten x und y durch die Gleichung $\dfrac{x^2}{a^2} + \dfrac{y^2}{b^2} = 1$ verbunden sind.

4. Wälzt sich eine Tangente eines Kreises auf dem Kreise ohne zu gleiten (Abb. 79), dann beschreibt jeder Punkt der Tangente eine Kurve, die man Kreisevolvente nennt. Der ursprüngliche Berührungspunkt A

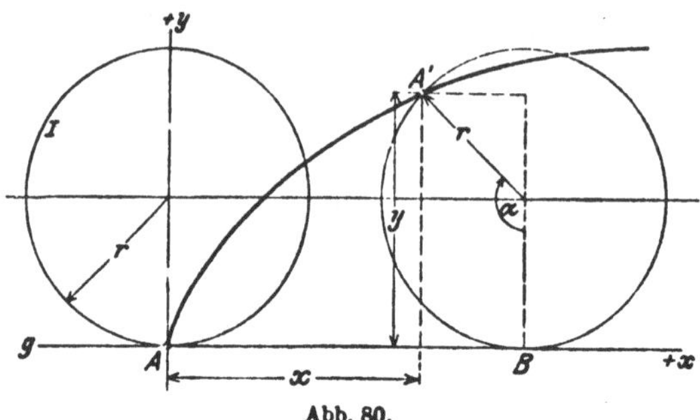

Abb. 80.

der Tangente b sei nach der Drehung um den Winkel α in die Lage A' übergegangen. Zeige, daß die Koordinaten x und y des Punktes A' sich aus den Gleichungen

$$x = r\,(\cos\alpha + \widehat{\alpha}\,\sin\alpha), \qquad y = r\,(\sin\alpha - \widehat{\alpha}\,\cos\alpha)$$

berechnen lassen.

5. Rollt ein Kreis I auf einer Geraden g ohne zu gleiten, dann beschreibt der ursprüngliche Berührungspunkt A eine Kurve, die man Zykloide nennt. Leite aus der Abb. 80 für die Koordinaten x und y des Punktes A', der ursprünglich mit A zusammenfiel, die Gleichungen ab:

$$x = r\,(\widehat{\alpha} - \sin\alpha),$$
$$y = r\,(1 - \cos\alpha)$$

und berechne x und y für beliebige Werte von α; $r = 2\,\text{cm}$.

Beachte, daß die Strecke AB gleich dem Kreisbogen $A'B$ ist.

§ 10. Berechnung des schiefwinkligen Dreiecks.

Wir leiten in diesem Paragraphen zwei einfache Sätze ab, die zur Berechnung eines beliebigen Dreiecks benutzt werden können.

1. Der Sinussatz.

In den Abb. 81 und 82 sind zwei beliebige Dreiecke gezeichnet, ein spitz- und ein stumpfwinkliges. h_1 sei die Höhe, die zur Seite a gehört. In jeder Abbildung ist h_1 die gemeinsame Kathete zweier rechtwinkliger Dreiecke, aus denen sich die Gleichungen ableiten lassen:

$$h_1 = b \sin \gamma \quad \text{und} \quad h_1 = c \sin \beta.$$

(Für das stumpfwinklige Dreieck ist von der Formel $\sin (180^0 - \beta) = \sin \beta$ Gebrauch gemacht worden). Es ist also

$$b \sin \gamma = c \sin \beta.$$

Diese Gleichung kann offenbar auch so geschrieben werden:

$$b : c = \sin \beta : \sin \gamma.$$

Die Höhen $h_2 \perp b$ und $h_3 \perp c$ zerlegen die Dreiecke in andere rechtwinklige Dreiecke, aus denen sich in ganz gleicher Weise die Gleichungen ableiten lassen:

$$a : c = \sin \alpha : \sin \gamma,$$
$$a : b = \sin \alpha : \sin \beta, \text{ d. h.}$$

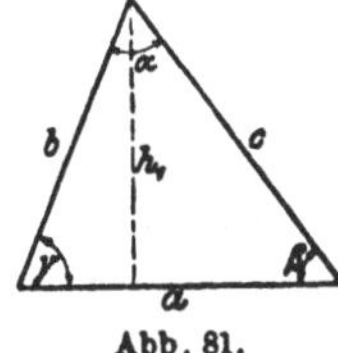

Abb. 81.

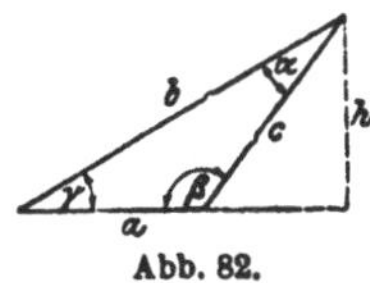

Abb. 82.

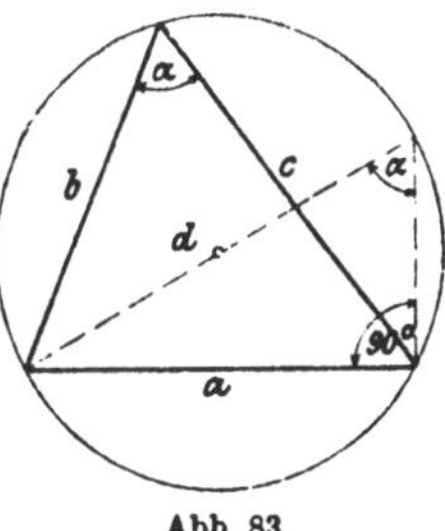

Abb. 83.

in jedem beliebigen Dreieck verhalten sich irgend zwei Seiten zueinander wie die Sinusse der gegenüberliegenden Winkel.

Dieser Satz wird der **Sinussatz** genannt.

Aus der Gleichung $a : b = \sin \alpha : \sin \beta$ folgt: $\dfrac{a}{\sin \alpha} = \dfrac{b}{\sin \beta}.$

Ebenso folgt aus $b : c = \sin \beta : \sin \gamma$: $\dfrac{b}{\sin \beta} = \dfrac{c}{\sin \gamma},$

somit ist $\qquad \dfrac{a}{\sin \alpha} = \dfrac{b}{\sin \beta} = \dfrac{c}{\sin \gamma}.$

Der gemeinsame Wert dieser drei Brüche hat eine einfache geometrische Bedeutung, siehe Abb. 83. Ist d der Durchmesser des Kreises, der dem Dreieck mit den Seiten a, b, c umbeschrieben werden kann, so ist nach Abb. 83: $a : \sin \alpha = d$, d. h. aber: der gemeinsame Wert der drei Brüche $a : \sin \alpha$, $b : \sin \beta$ und $c : \sin \gamma$ ist gleich dem Durchmesser des Kreises, der. dem Dreieck umbeschrieben werden kann.

Ptolemäus (zwischen 125—151 nach Christus in Alexandrien) kannte den Sinussatz in seiner jetzigen Form noch nicht. Er zerlegte die Dreiecke durch Höhen in rechtwinklige Dreiecke. Zum allgemeinen Sinussatz kam erst der Perser Nasîr Eddîn Tusi (1201—1274), dem die Trigonometrie die höchste Ausbildung in jener Zeit verdankt.

2. Der Kosinussatz.

Die Höhe h_1 in Abb. 81 zerlegt die Seite a in zwei Abschnitte von den Längen $b\cos\gamma$ und $c\cdot\cos\beta$. Es ist also

$$a = b\cos\gamma + c\cdot\cos\beta. \tag{1}$$

Für das stumpfwinklige Dreieck in Abb. 82 ist

$$a = b\cos\gamma - c\cos(180^0 - \beta). \tag{2}$$

Nun ist aber $\cos(180^0 - \beta) = -\cos\beta$, und Gleichung (2) kann daher auch in der Form geschrieben werden:

$$a = b\cos\gamma + c\cos\beta,$$

was mit Gleichung (1) genau übereinstimmt. $b\cos\gamma$ und $c\cos\beta$ kann man als die Projektionen der Seiten b und c auf die Seite a auffassen. Die Gleichung (1) sagt aus: Jede Seite eines Dreiecks ist die Summe der Projektionen der anderen Seiten auf sie (Projektionssatz). Dabei werden die Innenwinkel des Dreiecks als Neigungswinkel aufgefaßt. Durch Ziehen der Höhen h_2 und h_3 kann man zwei ähnliche Gleichungen ableiten. Es ist also für jedes beliebige Dreieck:

$$\left.\begin{aligned} a &= b\cos\gamma + c\cos\beta \\ b &= c\cos\alpha + a\cos\gamma \\ c &= a\cos\beta + b\cos\alpha \end{aligned}\right\} \tag{3} \text{(Projektions-satz)}$$

Multipliziert man die erste Gleichung mit a, die zweite mit $-b$, die dritte mit $-c$ und addiert alle drei Gleichungen, so erhält man

$$a^2 - b^2 - c^2 = -2bc\cos\alpha, \text{ oder}$$

$$a^2 = b^2 + c^2 - 2bc\cos\alpha.$$

Multipliziert man dagegen die zweite der Gleichungen (3) mit b, die erste mit $-a$ und die letzte mit $-c$, so erhält man

$$-a^2 + b^2 - c^2 = -2ac\cos\beta, \text{ oder}$$

$$b^2 = a^2 + c^2 - 2ac\cos\beta.$$

Entsprechend findet man

$$c^2 = a^2 + b^2 - 2\,a\,b\cos\gamma.$$

Diese drei letzten fettgedruckten Gleichungen drücken den **Kosinussatz** aus: **Das Quadrat einer Seite ist gleich der Summe der Quadrate der beiden andern Seiten vermindert um das doppelte Produkt dieser Seiten und dem Kosinus des von ihnen eingeschlossenen Winkels.** (Kosinussatz.)

Man merke sich: Steht links im Kosinussatz a^2, so schließt die rechte Seite mit $\cos\alpha$.

Andere Ableitung des Kosinussatzes: Die Katheten des rechtwinkligen Dreieckes rechts in der Abb. 81 sind $b\sin\gamma$ und $a - b\cos\gamma$. Somit ist

$$c^2 = (b\sin\gamma)^2 + (a - b\cos\gamma)^2.$$

Entwickelt man die rechte Seite und vereinfacht, so erhält man die dritte der oben fettgedruckten Gleichungen.

Wie man den Sinus- und den Kosinussatz bei der Berechnung beliebiger Dreiecke verwerten kann, zeigen die Beispiele des folgenden Paragraphen.

Der Inhalt des Kosinussatzes ist durch den allgemeinen pythagoreischen Lehrsatz schon von Euklid gegeben. Eine erste Formulierung im heutigen Sinne stammt von dem französischen Hofrat Vieta (1540—1603, Paris). Er ist auch der eigentliche Begründer der Goniometrie.

§ 11. Beispiele zum Sinus- und Kosinussatz.

Wir halten uns immer an die Bezeichnungen der Abb. 81. Die Gegenwinkel der Seiten a, b, c sind die Winkel α, β, γ. Sind in einem beliebigen Dreieck drei voneinander unabhängige Stücke gegeben, so kann man die fehlenden Seiten oder Winkel mit Hilfe des Sinus- oder Kosinussatzes berechnen. Es handelt sich dabei um die folgenden vier Aufgaben.

1. Aufgabe. Von einem Dreieck kennt man eine Seite a und zwei Winkel β und γ. Man berechne die übrigen Stücke.

Lösung. Der dritte Winkel wird gefunden aus

$$\alpha = 180^0 - (\beta + \gamma).$$

Die Seiten werden mit Hilfe des Sinussatzes berechnet:

$$\text{Aus } b:a = \sin\beta:\sin\alpha \text{ folgt } b = \frac{a\cdot\sin\beta}{\sin\alpha}.$$

Aus $c:a = \sin\gamma : \sin\alpha$ folgt $c = \dfrac{a \cdot \sin\gamma}{\sin\alpha}$.

Der Inhalt ist $J = \dfrac{bc}{2}\sin\alpha = \dfrac{a^2}{2} \cdot \dfrac{\sin\beta \cdot \sin\gamma}{\sin\alpha}$

Beispiele.

	Gegeben:			Berechnet·		
	a	β	γ	b	c	J
1.	36 cm	72°	55°	42,87 cm	36,92 cm	632,1 cm²
2.	18 ,,	37° 40′	49° 10′	11,02 ,,	13,64 ,,	75,01 ,,
3.	24 ,,	53°	104°	49,05 ,,	59,60 ,,	571,2 ,,
4.	245 m	68° 35′	79° 12′	427,8 m	451,4 m	51 480 m²
5.	432,80 m	78° 39′ 40″	36° 51′ 50″	470,3 ,,	287,7 ,,	61 050 ,.

2. Aufgabe. Von einem Dreieck kennt man zwei Seiten a und b ($a > b$) und den Gegenwinkel α der größeren Seite. Berechne die übrigen Stücke.

Lösung. β wird mit Hilfe des Sinussatzes berechnet:

$$\sin\beta : \sin\alpha = b : a; \text{ daher ist } \sin\beta = \frac{b\sin\alpha}{a}.$$

Ist β bekannt, so folgt $\gamma = 180° - (\alpha + \beta)$.

Die dritte Seite findet man mit dem Sinussatz.

Aus: $c:a = \sin\gamma : \sin\alpha$ folgt $c = \dfrac{a\sin\gamma}{\sin\alpha}$.

Die dritte Seite kann auch aus

$$c = a\cos\beta + b\cos\alpha$$

berechnet werden.

Beispiele.

	Gegeben:			Berechnet:		
	a	b	α	β	γ	c
1.	50 cm	20 cm	70°	22° 5′	87° 55′	53,17 cm
2.	36 ,,	28 ,,	27° 30′	21° 3′	131° 27′	58,44 ,,
3.	20 ,,	8 ,,	117°	20° 53′	42° 7′	15,05 ,,

Ist statt des Gegenwinkels der größern Seite der Gegenwinkel der kleinern Seite gegeben, so können unter Umständen zwei verschiedene Dreiecke zu den gegebenen Stücken gehören. Aus $\sin\alpha = \dfrac{a\sin\beta}{b}$ folgen zwei Winkel α_1 und α_2 zwischen 0 und 180°, wobei natürlich jedes α größer als β sein muß, weil $a > b$ ist.

Beispiele.

	Gegeben:			Berechnet:		
	a	b	β	α	γ	c
1.	15	10	40°	$\alpha_1 = 74° 37′ 5$	$\gamma_1 = 65° 22′ 5$	$c_1 = 14,14$ cm
				$\alpha_2 = 105° 22′ 5$	$\gamma_2 = 34° 37′ 5$	$c_2 = 8,84$,,
2,	15	6	10°	$\alpha_1 = 25° 43′$	$\gamma_1 = 144° 17′$	$c_1 = 20,18$,,
				$\alpha_2 = 154° 17′$	$\gamma_2 = 15° 43′$	$c_2 = 9,37$,,

Man zeichne die beiden Dreiecke aus a, b, β.

Es kann auch möglich sein, daß zu den gegebenen Stücken nur ein oder gar kein Dreieck gehört. Das erste ist der Fall, wenn in $\sin \alpha = a \cdot \sin \beta : b$ die rechte Seite gerade den Wert 1 hat; α ist dann 90^0. Wird dagegen $a \sin \beta : b$ größer als 1, so kann man keinen Winkel α bestimmen. Man zeichne und berechne die übrigen Stücke eines Dreiecks aus

$$1.\ a = 15\ \text{cm}, \qquad b = 6\ \text{cm}, \qquad \beta = 23^0\,35'.$$

$$2.\ a = 15\ \text{,,} \qquad b = 6\ \text{,,} \qquad \beta = 40^0.$$

3. Aufgabe. Von einem Dreieck kennt man zwei Seiten a und b und den von ihnen eingeschlossenen Winkel γ. Man berechne die übrigen Stücke.

Lösung. Nach dem Kosinussatz ist die dritte Seite

$$c = \sqrt{a^2 + b^2 - 2\,ab \cos \gamma}\,.$$

Die Winkel α und β können mit dem Sinussatz berechnet werden. Man kann α und β auch unmittelbar aus a, b, γ finden. Man ziehe in einem Dreieck die Höhe auf b bzw. a; man wird an Hand einer Abbildung leicht die Richtigkeit der folgenden Gleichungen bestätigen können.

$$\operatorname{tg} \alpha = \frac{a \sin \gamma}{b - a \cos \gamma} \quad \text{und} \quad \operatorname{tg} \beta = \frac{b \sin \gamma}{a - b \cos \gamma}\,.$$

Für die Berechnung des Inhalts siehe § 6. Aufgabe 6. Eine andere sehr einfache Berechnung der Winkel lehrt Aufgabe 5, § 15.

Beispiele.

	Gegeben:			Berechnet:		
	a	b	γ	c	α	β
1.	10	8	70^0	10,45	$64^0\,1'$	$45^0\,59'$
2.	5	8	65^0	7,43	$37^0\,35'$	$77^0\,25'$
3.	7	11	60^0	9,64	$38^0\,57'$	$81^0\,3'$
4.	8	10	120^0	15,62	$26^0\,20'$	$33^0\,40'$

4. Aufgabe. Man kennt die drei Seiten, man sucht die drei Winkel eines Dreiecks.

Lösung: Alle drei Winkel können mit Hilfe des Kosinussatzes berechnet werden; so findet man z. B. aus

$$c^2 = a^2 + b^2 - 2\,ab \cos \gamma \quad \text{den Wert} \quad \cos \gamma = \frac{a^2 + b^2 - c^2}{2\,ab}$$

Die Summe der drei berechneten Winkel muß 180⁰ betragen.

Beispiele.

	Gegeben:			Berechnet:		
1.	4	13	15	14⁰ 15′	53⁰ 8′	112⁰ 37′
2.	8	7	6	75⁰ 31′ 3	57⁰ 54′ 6	46⁰ 34′ 1
3.	2	5	4	22⁰ 20′	108⁰ 13′	49⁰ 27
4.	38	15	47	45⁰ 24′	16⁰ 19′	118⁰ 17′
5.	5	7	9	33⁰ 34′	50⁰ 42′	95⁰ 44′
6.	3	7	8	21⁰ 47′	60⁰	98⁰ 13′
7.	5	7	8	38⁰ 13′	60⁰	81⁰ 47′

Sind die Seiten durch mehrstellige Zahlen gegeben, so wird man mit Vorteil „Quadrattafeln" verwenden. — Eine zweite Lösung dieser Aufgabe, die namentlich für logarithmische Rechnung bequemer ist, zeigt die folgende Aufgabe.

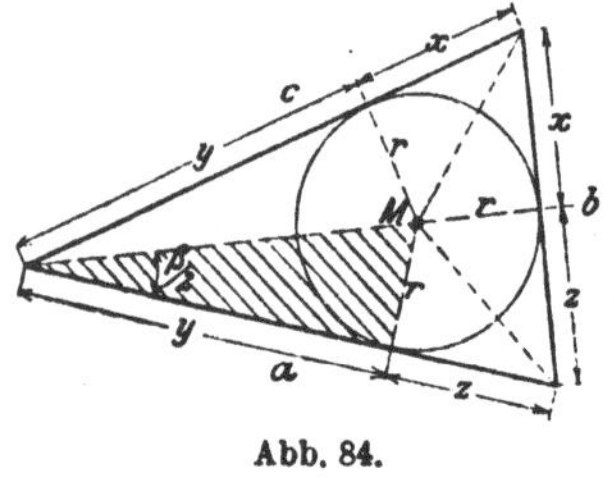

Abb. 84.

5. Der Halbwinkelsatz. Die Winkel eines Dreiecks lassen sich aus den drei Seiten auch noch auf eine andere Weise berechnen. Ist M (siehe Abb. 84) der Mittelpunkt des einbeschriebenen Kreises, so sind die von M nach den Ecken gehenden Linien die Winkelhalbierenden. Die Abschnitte x, y, z auf den Seiten haben die Längen $s - a$, $s - b$, $s - c$, wo s den halben Dreiecksumfang bedeutet; denn

$$2(x + y + z) = a + b + c = 2s,\text{ somit}$$

$$x + y + z = s; \text{ nach der Abbildung ist}$$

$$\underline{y + z = a.}\text{ Durch Subtraktion erhält man}$$

$$x = s - a.\text{ Entsprechend ergibt sich}$$

$$y = s - b$$

$$z = s - c.$$

Ferner ist der Inhalt J des Dreiecks gegeben durch

$$J = \frac{a}{2} \cdot r + \frac{b}{2} \cdot r + \frac{c}{2} \cdot r = r \cdot \frac{a + b + c}{2} = rs; \text{ somit ist } r = \frac{J}{s}.$$

Der Inhalt J ist gegeben durch $\sqrt{s(s - a)(s - b)(s - c)}$; daher ist

$$r = \sqrt{\frac{(s - a)(s - b)(s - c)}{s}}.$$

Aus dem gestrichelten Dreieck folgt nun

$$\text{tg } \frac{\beta}{2} = \frac{r}{y}.$$

Setzt man für r und y die oben berechneten Werte ein, so erhält man

$$\operatorname{tg} \frac{\beta}{2} = \frac{r}{s-b} = \sqrt{\frac{(s-a)(s-c)}{s(s-b)}}.$$

Entsprechend
$$\operatorname{tg} \frac{\alpha}{2} = \frac{r}{s-a} = \sqrt{\frac{(s-b)(s-c)}{s(s-a)}}. \qquad (1)$$

$$\operatorname{tg} \frac{\gamma}{2} = \frac{r}{s-c} = \sqrt{\frac{(s-a)(s-b)}{s(s-c)}}.$$

Die Formeln (1) führen den Namen „**Halbwinkelsatz**". Das Vorzeichen der Quadratwurzeln ist immer positiv zu wählen, weil die Winkel $\frac{\alpha}{2}$, $\frac{\beta}{2}$, $\frac{\gamma}{2}$, immer kleiner als 90^0 und daher die Tangenswerte immer positiv sind.

$$\textbf{Beispiel.}$$

Gegeben:
$$a = 4{,}356 \text{ m}$$
$$b = 5{,}673 \text{ „}$$
$$c = 7{,}239 \text{ „}$$

$$r = \sqrt{\frac{(s-a)(s-b)(s-c)}{s}}; \quad \operatorname{tg} \frac{\alpha}{2} = \frac{r}{s-a}.$$

$2s = 17{,}268$	$\log(s-a) = 0{,}63124$	I
$s = 8{,}634$	$\log(s-b) = 0{,}47144$	II
	$\log(s-c) = 0{,}14457$	III
$s-a = 4{,}278$	Summe $= 1{,}24725$	
$s-b = 2{,}961$	$\log s = 0{,}93621$	
$s-c = 1{,}395$	$2 \log r = 0{,}31104$	
Probe: $\quad s = 8{,}634$	$\log r = 0{,}15552$	IV

Berechnet:

$\dfrac{\alpha}{2} = 18^0\,29'\,26''$	$\log \operatorname{tg} \dfrac{\alpha}{2} = 9{,}52428 - 10$	IV—I
$\dfrac{\beta}{2} = 25^0\,47'\,15''$	$\log \operatorname{tg} \dfrac{\beta}{2} = 9{,}68408 - 10$	IV—II
$\dfrac{\gamma}{2} = 45^0\,43'\,19''$	$\log \operatorname{tg} \dfrac{\gamma}{2} = 0{,}01095$	IV—III

Probe: Summe $= 90^0$

6. Zwei Seiten a und b eines Parallelogramms schließen miteinander einen Winkel α ein. Berechne die Eckenlinien e und f.

	Gegeben:			Berechnet:	
	a	b	α	e	f
1.	8 cm	6 cm	40^0	5,14 cm	13,17 cm
2.	13 „	7 „	50^0	10,05 „	18,30 „
3.	16 „	11 „	110^0	22,30 „	16,02 „
4.	18 „	12 „	60^0	15,87 „	26,15 „

7. Zwei Kräfte P_1 und P_2 wirken unter einem Winkel α auf einen materiellen Punkt A (Abb. 85). Bestimme die Resultierende R durch Rechnung und Zeichnung. Berechne den Winkel x zwischen R und P_1.

Aus Abb. 85 folgt:

$$R = \sqrt{P_1^2 + P_2^2 + 2\,P_1\,P_2\cos\alpha}.$$

Beachte: $\cos(180^0 - \alpha) = -\cos\alpha$.

Dies folgt aus dem Kosinussatz oder durch Anwendung des pythagoreischen Lehrsatzes auf das Dreieck ABC. Der Winkel x wird durch den Sinussatz oder wieder aus dem Dreieck ABC gefunden.

$$\sin x : \sin(180^0 - \alpha) = P_2 : R \quad \text{oder} \quad \sin x = \frac{P_2 \sin\alpha}{R},$$

$$\operatorname{tg} x = \frac{P_2 \sin\alpha}{P_1 + P_2 \cos\alpha}.$$

Was wird aus diesen Ergebnissen für $\alpha = 90^0$; $\alpha = 180^0$?

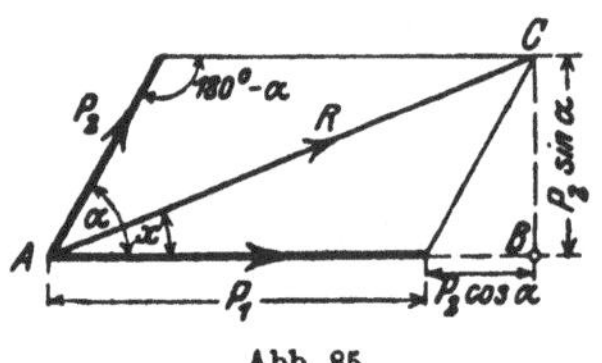

Abb. 85.   Abb. 86.

Beispiele.

1. $P_1 =\ \ 20\,\text{kg}$; $P_2 =\ \ 12\,\text{kg}$; $\alpha =\ \ 40^0$; $R =\ \ 30{,}2\,\text{kg}$; $x =\ \ 14^0 48'$
2. $P_1 =\ \ 60$ „ $P_2 = 100$ „ $\alpha =\ \ 45^0$; $R = 148{,}6$ „ $x =\ 28^0 25'$
3. $P_1 = 250$ „ $P_2 = 400$ „ $\alpha = 144^0 20'$; $R = 245$ „ $x = 107^0 49'$
4. $P_1 =\ \ 80$ „ $P_2 =\ \ 50$ „ $\alpha = 120^0$; $R =\ \ 70$ „ $x =\ 38^0 13'$
5. $P_1 =\ \ 70$ „ $P_2 =\ \ 20$ „ $\alpha = 150^0$; $R =\ \ 53{,}62$ „ $x =\ 10^0 45'$

8. Eine Kraft $R = 100\,\text{kg}$ soll in zwei Komponenten P_1, P_2 zerlegt werden, von denen die eine mit R einen Winkel $\alpha = 50^0$, die andere einen Winkel $\beta = 20^0$ einschließt (Abb. 86).

Ergebnisse: $P_1 = 36{,}4$; $P_2 = 81{,}5\,\text{kg}$.

Weitere Beispiele:

Für $R =\ \ 10\,\text{kg}$; $\alpha = 50^0$; $\beta = 70^0$ wird $P_1 = 10{,}85$; $P_2 =\ \ 8{,}85\,\text{kg}$
„ $R =\ \ 16$ „ $\alpha = 34^0 30'$; $\beta = 80^0$ „ $P_1 = 17{,}3$; $P_2 =\ \ 9{,}96$ „
„ $R = 120$ „ $\alpha = 44^0 15'$; $\beta = 29^0 5'$ „ $P_1 = 60{,}89$; $P_2 = 87{,}4$ „

9. Drei in einem Punkte angreifende Kräfte $P_1 = 40\,\text{kg}$; $P_2 = 50\,\text{kg}$; $P_3 = 60\,\text{kg}$ halten sich das Gleichgewicht; welche Winkel schließen ihre Richtungslinien miteinander ein? Das zugehörige Kräftedreieck ist geschlossen.

Ergebnisse: Winkel $(P_1 P_3) = 124^0\,14'$
„ $(P_3 P_2) = 138^0\,35'$
„ $(P_2 P_1) =\ \ 97^0\,11'$
Summe $= 360^0$.

Die nämliche Aufgabe für $P_1 = 70\,\text{kg}$, $P_2 = 30\,\text{kg}$, $P_3 = 55\,\text{kg}$.
Ergebnisse: Winkel $P_2 P_1 = 131^0 21'$; $P_1 P_3 = 155^0 50'$; $P_3 P_2 = 72^0 49'$

10. Berechne für die drei ersten Beispiele in Aufgabe 2 dieses Paragraphen aus a und α den Durchmesser d des dem Dreieck umschriebenen Kreises.

Ergebnisse: 1. 53,21 cm, 2. 77,98 cm, 3. 22,45 cm.

11. Der Inhalt eines Dreiecks ist $J = 0{,}5 \cdot ab \sin\gamma$; ferner ist $c : \sin\gamma = d = 2r =$ dem Durchmesser des dem Dreieck umschriebenen Kreises. Leite hieraus ab:

$$r = \frac{abc}{4J}.$$

12. Es seien a und b die Seiten, e und f die Eckenlinien eines Parallelogramms. Beweise:

$$2\,(a^2 + b^2) = e^2 + f^2. \tag{1}$$

Anleitung: e und f mögen sich unter dem Winkel α schneiden; sie zerlegen das Parallelogramm in vier Dreiecke. Wende auf zwei nebeneinander liegende Dreiecke den Kosinussatz an. —

Was wird aus (1), wenn das Parallelogramm ein Quadrat oder ein Rhombus oder ein Rechteck ist?

13. Beweise: Sind a, b, c die Seiten eines Dreiecks und ist m_a die Verbindungslinie des Mittelpunktes der Seite a mit der gegenüberliegenden Ecke des Dreiecks, so kann m_a berechnet werden aus

$$(2\,m_a)^2 = 2\,(b^2 + c^2) - a^2.$$

Anleitung: Ergänze das Dreieck zu einem Parallelogramm mit den Seiten b und c und der Diagonale a und beachte Aufgabe 12.

14. Beweise: Sind e und f die Eckenlinien eines beliebigen Vierecks, und schneiden sie sich unter einem Winkel α, so ist der Inhalt des Vierecks gegeben durch

$$J = \frac{ef}{2} \sin\alpha.$$

Anleitung: Ziehe durch die Ecken des Vierecks Parallele zu den Eckenlinien. Der Inhalt des Vierecks ist die Hälfte vom Inhalt des entstandenen Parallelogramms.

15. Die Strecke der Winkelhalbierenden zwischen einer Dreiecksecke und der gegenüberliegenden Seite a sei mit w_a bezeichnet. Beweise:

$$w_\alpha = \frac{c \sin\beta}{\sin\left(\dfrac{\alpha}{2} + \beta\right)} = \frac{b \sin\gamma}{\sin\left(\dfrac{\alpha}{2} + \gamma\right)}$$

16. Im Gelände sei eine Basis (Standlinie) $AB = 200$ m gemessen worden. C ist ein dritter Punkt im Gelände, der von AB etwa durch einen Fluß getrennt sein möge. Durch Winkelmeßinstrumente hat man die Winkel $CAB = \alpha$ und $CBA = \beta$ ermittelt. Es sei $\alpha = 75^0$; $\beta = 41^0$. Wie lang sind die Strecken AC und BC?

Ergebnisse: $AC = 146$ m; $BC = 214{,}9$ m.

Bei den sogenannten „Triangulationen" in der Landesvermessung werden von einer gegebenen, tatsächlich gemessenen Basis a aus (Abb. 87) die übrigen Seiten der Dreiecke berechnet. Zur Berechnung ist nur noch die Messung der Winkel erforderlich. In Abb. 87 können aus a und den Winkeln alle Seiten und Diagonalen des Vierecks berechnet werden.

17. Zwei Gerade b und c schneiden sich unter einem Winkel α. Durch eine dritte Gerade a, die mit c einen vorgeschriebenen Winkel β bildet, soll ein Dreieck von vorgeschriebener Größe F abgeschnitten werden. Berechne die Seiten x, y, z des Dreiecks.

$$x = \sqrt{\frac{2F \cdot \sin \alpha}{\sin \beta \cdot \sin (\alpha + \beta)}}; \quad y = \sqrt{\frac{2F \cdot \sin \beta}{\sin \alpha \cdot \sin (\alpha + \beta)}}; \quad z = \sqrt{\frac{2F \cdot \sin (\alpha + \beta)}{\sin \alpha \cdot \sin \beta}},$$

x liegt α, y liegt β gegenüber).

18. Drei Kreise mit den Halbmessern $r_1 = 8$ cm, $r_2 = 7$ cm, $r_3 = 6$ cm berühren sich gegenseitig von außen; welche Winkel schließen je zwei Mittelpunktslinien miteinander ein?
Ergebnisse: 53°8′, 59°29′, 67°23′.

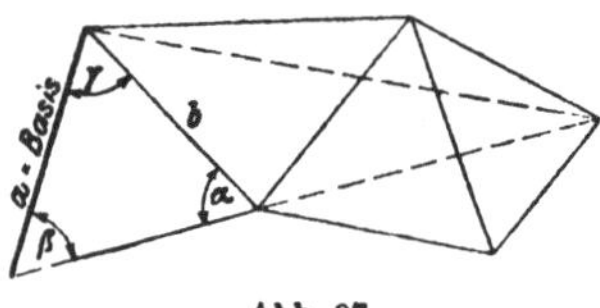
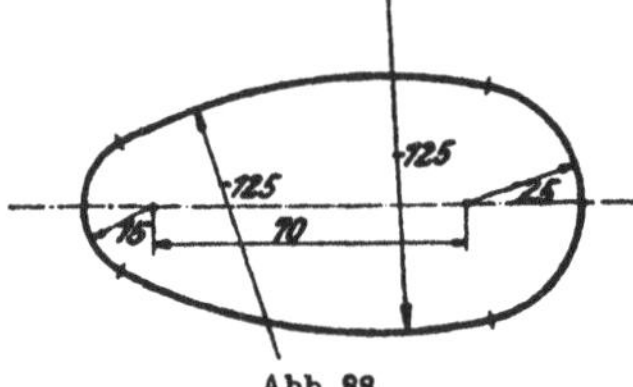

Abb. 87.Abb. 88.

19. Die Mittelpunkte zweier Kreise mit den Halbmessern $r = 13$ cm, $R = 14$ cm sind 15 cm voneinander entfernt. Wie lang ist die gemeinsame Sehne? Wie groß ist das gemeinsame Flächenstück? (Benutze zur Lösung die Ergebnisse der vorhergehenden Aufgabe.)
Ergebnisse: $s = 22{,}4$ cm, $J = 189{,}2$ cm².

20. Ziehe durch den Mittelpunkt eines Kreises k von 4 cm Halbmesser zwei aufeinander senkrecht stehende gerade Linien g und l. Durch 4 gleich große Kreise von je 2 cm Halbmesser, deren Mittelpunkte 5 cm vom Mittelpunkte des Kreises k auf g und l liegen, werden von k gewisse Flächenstücke abgeschnitten. Berechne den Inhalt der Restfläche des Kreises k (41,91 cm²).

21. Zeichne die Abb. 88 nach den eingeschriebenen Maßen (mm) und berechne ihren Inhalt und Umfang.
Anleitung. Der Mittelpunkt eines Kreises von 125 mm Halbmesser bestimmt mit den Mittelpunkten der Kreise von 15 und 25 mm Halbmesser ein Dreieck. Bestimme aus den Seiten die Winkel des Dreiecks usw. ($J = 47{,}64$ cm²; $U = 26{,}97$ cm).

22. Die Achsen zweier Kegelräder schneiden sich unter einem Winkel α. Für die Konstruktion der Räder ist die Kenntnis der sogenannten Ersatzhalbmesser R_1 und R_2 von Wichtigkeit. Die Ersatzhalbmesser sind die Mantellinien von Kegelflächen, deren Erzeugende auf den Mantellinien der Grundkegel mit den Halbmessern r_1 und r_2 senkrecht stehen. Man berechne R_1 und R_2 aus den Größen r_1, r_2 und α. (Abb. 89 und 90.)

In der zweiten Abbildung sind die für die Berechnung notwendigen Linien nochmals besonders gezeichnet. Das Viereck $OABC$ ist ein Kreisviereck. Daraus folgt die Gleichheit der gleichbezeichneten Winkel.

ΔACD ist ähnlich ΔBCE; daraus folgt die Proportion: $R_2 : r_2 = a : AD$. Nun ist:

$$a = \sqrt{r_1^2 + r_2^2 + 2\, r_1 r_2 \cos \alpha} \quad \text{und} \quad AD = r_1 + r_2 \cos \alpha; \quad \text{daher ist:}$$

$$R_2 = \frac{r_2}{r_1 + r_2 \cos \alpha} \sqrt{r_1^2 + r_2^2 + 2\, r_1 r_2 \cos \alpha}\, .$$

Entsprechend findet man

$$R_1 = \frac{r_1}{r_2 + r_1 \cos \alpha} \cdot \sqrt{r_1^2 + r_2^2 + 2\, r_1 r_2 \cos \alpha}\, .$$

Man kann in diese Formeln leicht die Zähnezahlen z_1 und z_2 einführen. Unter Teilung t eines Zahnrades versteht man den Abstand von Zahnmitte zu Zahnmitte auf dem Bogen des Teilkreises gemessen.

Bedeutet z die Zähnezahl, dann ist

$$\text{Umfang} = 2\,\pi r = z \cdot t = \text{Zähnezahl} \times \text{Teilung}.$$

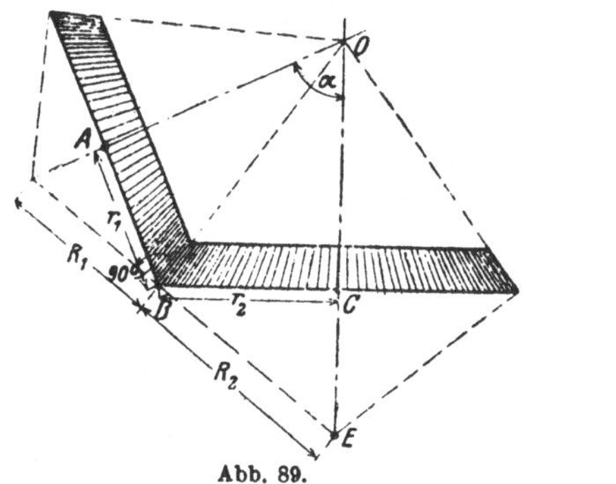

Abb. 89.

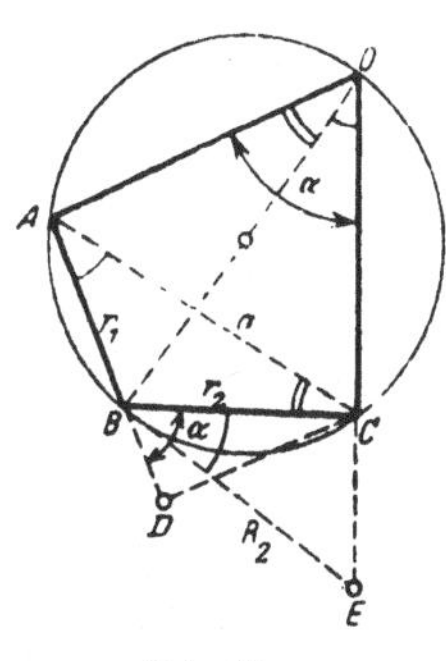

Abb. 90.

Man wählt die Teilung gewöhnlich als ein Vielfaches von π und nennt den Faktor von π den Modul. Daraus ergibt sich:

Durchmesser des Teilkreises = Modul $\times$ Zähnezahl = $M \cdot z$.

Setzt man in die Formeln an die Stelle von

$$r_1 \text{ den Wert } \frac{M z_1}{2} \text{ und für } r_2 \text{ den Ausdruck } \frac{M z_2}{2}$$

und vereinfacht, so erhält man für R_1 und R_2 die Werte:

$$R_1 = r_1 \cdot \frac{\sqrt{z_1^2 + z_2^2 + 2\, z_1 z_2 \cos \alpha}}{z_2 + z_1 \cos \alpha}\, ,$$

$$R_2 = r_2 \cdot \frac{\sqrt{z_1^2 + z_2^2 + 2\, z_1 z_2 \cos \alpha}}{z_1 + z_2 \cos \alpha}\, .$$

Siehe Bach, Maschinenelemente, 10. Aufl., S. 332.

Stehen die Achsen aufeinander senkrecht, ist also $\alpha = 90^0$, so wird

$$R_1 = r_1 \cdot \frac{\sqrt{\delta_1^2 + \delta_2^2}}{\delta_2} - \frac{r_1}{r_2}\sqrt{r_1^2 + r_2^2},$$

$$R_2 = r_2 \cdot \frac{\sqrt{\delta_1^2 + \delta_2^2}}{\delta_1} = \frac{r_2}{r_1}\sqrt{r_1^2 + r_2^2}.$$

Diese letzten Gleichungen lassen sich direkt aus der entsprechenden Abbildung (siehe § 6, Aufgabe 9) ohne Hilfe der Trigonometrie ableiten.

Beispiel. Das eine Rad mache 50, das andere 100 Umdrehungen pro Minute. Teilung $= 10 \cdot \pi$, $\delta_1 = 40$, $\delta_2 = 20$, $d_1 = 400$, $d_2 = 200$ mm oder $r_1 = 200$ und $r_2 = 100$ mm. $\alpha = 45^0$.

Ergebnisse: $R_1 = 231,8$ mm, $R_2 = 103,3$ mm.

Für $\alpha = 90^0$ wird $R_1 = 447,2$ mm und $R_2 = 111,8$ mm.

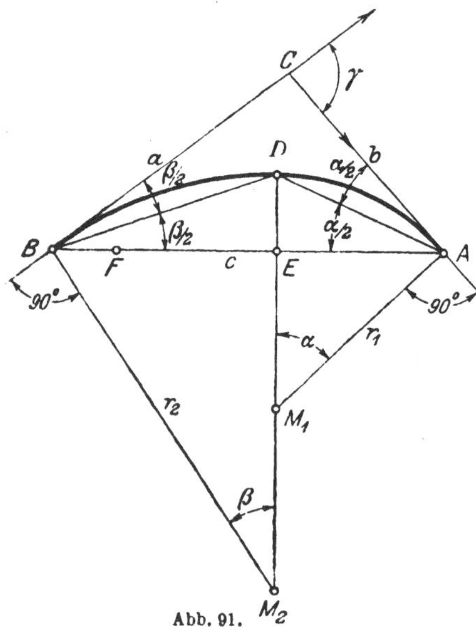

Abb. 91.

23. Die Zweikreiskurve[1]. Es soll die Sehne AB der Abb. 91 durch eine Kurve, die sich aus zwei tangential ineinander übergehenden Kreisbogen zusammensetzt, überspannt werden, und zwar soll der eine Kreis in B die Tangente a, der andere in A die Tangente b berühren. Soll der Übergang der Kreisbogen möglichst sanft sein, so ist die Konstruktion der Mittelpunkte M_1 und M_2 die folgende: Ziehe die Winkelhalbierenden BD und AD; dann $DM_1M_2 \perp AB$; $AM_1 \perp CA$ und $BM_2 \perp BC$.

M_1 und M_2 sind die Mittelpunkte der gesuchten Kreise.

Begründung: $\sphericalangle DBM_2 = \sphericalangle BDM_2 = 90^0 - \dfrac{\beta}{2}$; $\sphericalangle DAM_1 = \sphericalangle ADM_1 = 90^0 - \dfrac{\alpha}{2}$.

[1] „Die ästhetische Kreisbogenkurve". Von C. Herbst, Dipl.-Ing. in Dortmund. Zeitschr. f. Math. u. Phys. Bd. 58, S. 72—73. 1910.

Wir wollen die Halbmesser r_1 und r_2 der Kreise auch berechnen. Es sei $AB = c$.

$$\text{Aus } \triangle ABD \text{ und } \triangle ADM_1 \text{ findet man } r_1 = \frac{c \sin \dfrac{\beta}{2}}{2 \sin \dfrac{\alpha}{2} \cdot \sin \dfrac{\gamma}{2}}.$$

$$\text{Aus } \triangle ABD \text{ und } \triangle BDM_2 \text{ findet man } r_2 = \frac{c \cdot \sin \dfrac{\alpha}{2}}{2 \sin \dfrac{\beta}{2} \cdot \sin \dfrac{\gamma}{2}}.$$

Begründe die folgende zweite Konstruktion der Mittelpunkte: Mache $BF = BC - AC = a - b$ und $EF = EA$; ziehe $EM_1M_2 \perp AB$.

Anleitung: Ist $s = \dfrac{a + b + c}{2}$, dann ist $EA = s - a$; $BE = s - b$, somit $BF = a - b$. D ist der Mittelpunkt des Inkreises des Dreiecks ABC.

Zahlenbeispiel: Für $c = 10$ cm; $\beta = 30^0$ und $\alpha = $ 1. 45^0, 2. 60^0, 3. 150^0 werden 1. $r_1 = 5{,}55$, $r_2 = 12{,}14$ cm; 2. $r_1 = 3{,}66$, $r_2 = 13{,}66$ cm; 3. $r_1 = 1{,}34$, $r_2 = 18{,}66$ cm.

24. Gegeben (Abb. 92) zwei konzentrische Kreise mit den Halbmessern R und r. Man soll durch einen beliebigen Punkt A des großen Kreises einen Kreis ziehen, der den großen Kreis unter dem vorgeschriebenen Winkel α, den kleinen unter dem Winkel β schneidet. (Zentrifugalpumpen.)

1. Konstruktion. Wir nehmen an, AB sei der gesuchte Kreis, M_1 sein Mittelpunkt, ϱ sein Halbmesser. Wir verlängern AB bis C. Die Dreiecke ABM_1 und BMC sind gleichschenklig; ferner ist $\sphericalangle M_1AM = \alpha$ und $\sphericalangle M_1BM = \beta$ (Winkel

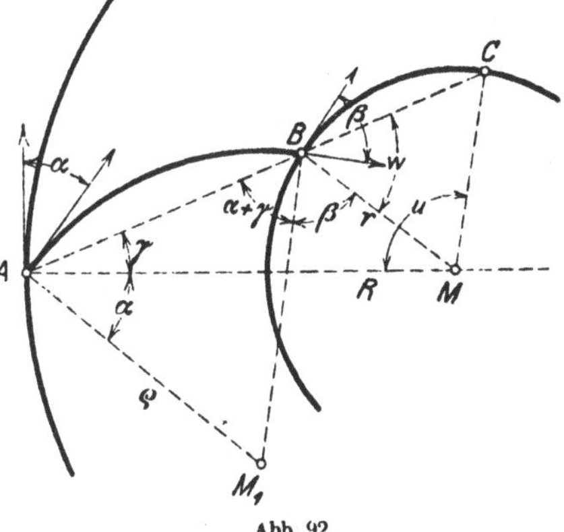

Abb. 92.

mit paarweise aufeinander senkrecht stehenden Schenkeln). $\sphericalangle BAM$ sei γ; dann ist

$$u = 180 - (w + \gamma) \qquad (\triangle AMC),$$
$$w = 180 - (\alpha + \beta + \gamma), \text{ somit}$$
$$u = 180 - 180 + (\alpha + \beta + \gamma) - \gamma, \text{ oder}$$
$$\underline{u = \alpha + \beta.}$$

Demnach findet man den Punkt B auf folgende Weise. Ziehe AM, mache $\sphericalangle AMC = u = \alpha + \beta$. Man erhält C. AC schneidet den kleinen Kreis in B. Aus A und B und den Tangenten in A und B läßt sich M_1 leicht ermitteln.

2. **Berechnung des Halbmessers** ϱ. Ziehe M_1M in der Abbildung und wende den Cosinussatz an auf die Dreiecke AM_1M und BM_1M. Es wird

$$\varrho = \frac{R^2 - r^2}{2\,(R\cos\alpha - r\cos\beta)}\,.$$

§ 12. Funktionen der Summe und der Differenz zweier Winkel.

Nachdem wir in den vorhergehenden Paragraphen einige Sätze der **Trigonometrie** kennen gelernt haben, Sätze, die zum Berechnen der Stücke eines Dreiecks gebraucht werden können, wollen wir in diesem und den folgenden Paragraphen einige Formeln der **Goniometrie**, der Lehre von den Beziehungen der Winkelfunktionen untereinander, entwickeln. Insbesondere soll in diesem Paragraphen gezeigt werden, wie die goniometrischen Funktionen der Summe oder Differenz zweier Winkel aus den goniometrischen Funktionen dieser Winkel berechnet werden können.

In den beiden Abb. 93 und 94 ist um den Scheitel des Winkels $(\alpha + \beta)$ der Einheitskreis geschlagen, und zwar ist in der

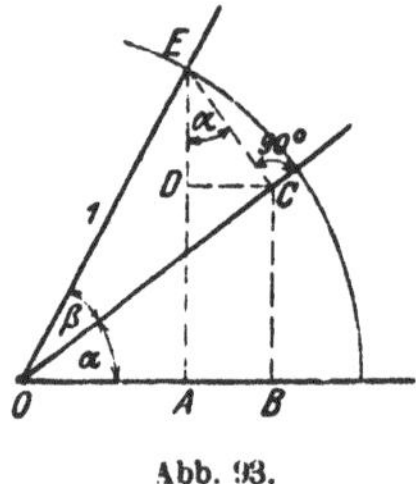

Abb. 93.

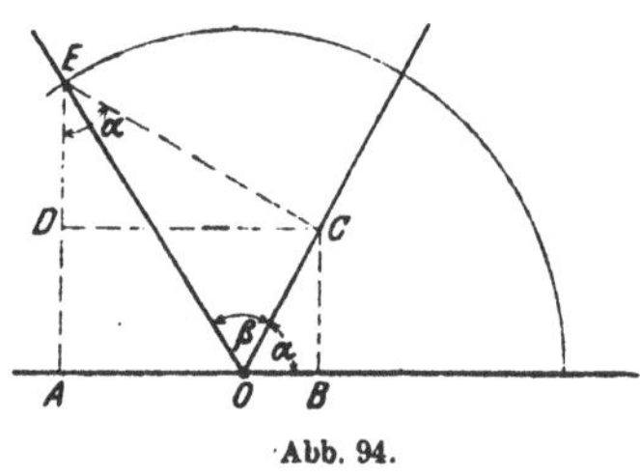

Abb. 94.

Abbildung links $\alpha + \beta < 90^\circ$ und in der Abbildung rechts $\alpha + \beta > 90^\circ$, aber α und β je kleiner als 90° angenommen. Man beachte zunächst nur Abb. 93. Aus ihr folgt:

$$\sin(\alpha + \beta) = AE = ED + DA.$$

un ist

$$ED = EC \cdot \cos\alpha \quad \text{und} \quad EC = \sin\beta, \quad \text{somit} \quad ED = \cos\alpha\sin\beta.$$

Ebenso ist

$$DA = BC = OC\sin\alpha \quad \text{und} \quad OC = \cos\beta, \quad \text{also} \quad DA = \sin\alpha\cos\beta,$$

daher $\qquad \sin(\alpha + \beta) = \sin\alpha\cos\beta + \cos\alpha\sin\beta.$ $\qquad$ (1)

Aus der gleichen Abbildung folgt:

$$\cos(\alpha + \beta) = OA = OB - AB = OB - DC,$$
$$OB = OC \cdot \cos\alpha = \cos\beta \cdot \cos\alpha,$$
$$DC = EC \cdot \sin\alpha = \sin\beta\sin\alpha$$

und somit

$$\cos(\alpha + \beta) = \cos\alpha\cos\beta - \sin\alpha\sin\beta. \qquad (2)$$

Diese Formeln können auch aus der Abb. 94 abgeleitet werden. In der Ableitung kommt nur eine kleine Verschiedenheit in den Vorzeichen vor, die Ergebnisse werden genau gleich. Solange α und β spitze Winkel sind, haben daher die Formeln (1) und (2) Gültigkeit; sie gelten aber ganz allgemein für beliebige Winkel α und β.

Vergrößert man einen Winkel, z. B. β um 90^0, so daß $\beta' = 90 + \beta$, dann ist

$$\sin(\alpha + \beta') = \sin(90^0 + \alpha + \beta) = \cos(\alpha + \beta)$$
$$= \cos\alpha\cos\beta - \sin\alpha\sin\beta \; [\text{nach (2)}].$$
$$\cos(\alpha + \beta') = \cos(90^0 + \alpha + \beta) = -\sin(\alpha + \beta)$$
$$= -\sin\alpha\cos\beta - \cos\alpha\sin\beta \; \text{nach [(1)]}.$$

Nun ist

$$\cos\beta = \sin(90 + \beta) = \sin\beta'$$
$$\sin\beta = -\cos(90 + \beta) = -\cos\beta',$$

daher $\qquad \sin(\alpha + \beta') = \sin\alpha\cos\beta' + \cos\alpha\sin\beta'$

und $\qquad \cos(\alpha + \beta') = \cos\alpha\cos\beta' - \sin\alpha\sin\beta'.$

Das sind aber genau die Formeln (1) und (2). Gelten also die Formeln für die Summe zweier spitzer Winkel, dann haben sie auch Gültigkeit, wenn ein Winkel um 90^0 vergrößert wird, somit gelten sie auch für jede wiederholte Vergrößerung des einen oder anderen Winkels, d. h. sie gelten allgemein.

Die Formeln für die Differenz zweier Winkel können ebenfalls an Hand von Abbildungen abgeleitet werden. Einfacher gelangt man jedoch folgendermaßen ans Ziel:

Es ist

$$\alpha - \beta = \varkappa + (-\beta),$$

daher

$$\sin (\alpha - \beta) = \sin [\alpha + (-\beta)] = \sin \alpha \cos (-\beta) + \cos \alpha \sin (-\beta)$$
$$[\text{nach } (1)].$$

Da aber

$$\sin (-\beta) = -\sin \beta$$

und

$$\cos (-\beta) = \cos \beta$$

ist, erhalten wir

$$\sin (\alpha - \beta) = \sin \alpha \cos \beta - \cos \alpha \sin \beta. \qquad (3)$$

Ähnlich findet man

$$\cos (\alpha - \beta) = \cos \alpha \cos \beta + \sin \alpha \sin \beta. \qquad (4)$$

Man beachte, daß in den Formeln für $\sin (\alpha \pm \beta)$ rechts immer zwei verschiedene, bei $\cos (\alpha \pm \beta)$ aber zwei gleiche Funktionen miteinander multipliziert werden. Diese Formeln (3) und (4) haben selbstverständlich ebenfalls allgemeine Gültigkeit, da sie ja aus den allgemein gültigen Formeln (1) und (2) hergeleitet wurden. Die Allgemeingültigkeit erstreckt sich auch auf die folgenden Formeln, zu deren Herleitung wir die Formeln 1 bis 4 benutzen.

$$\operatorname{tg} (\alpha + \beta) = \frac{\sin (\alpha + \beta)}{\cos (\alpha + \beta)} = \frac{\sin \alpha \cos \beta + \cos \alpha \sin \beta}{\cos \alpha \cos \beta - \sin \alpha \sin \beta}.$$

Dividiert man Zähler und Nenner durch $\cos \alpha \cos \beta$, so erhält man

$$\operatorname{tg} (\alpha + \beta) = \frac{\operatorname{tg} \alpha + \operatorname{tg} \beta}{1 - \operatorname{tg} \alpha \cdot \operatorname{tg} \beta}.$$

Ähnlich findet man

$$\operatorname{tg} (\alpha - \beta) = \frac{\operatorname{tg} \alpha - \operatorname{tg} \beta}{1 + \operatorname{tg} \alpha \cdot \operatorname{tg} \beta}.$$

Auf ganz ähnliche Art könnte man die, allerdings weniger benutzten, Formeln ableiten:

$$\operatorname{ctg} (\alpha + \beta) = \frac{\operatorname{ctg} \alpha \cdot \operatorname{ctg} \beta - 1}{\operatorname{ctg} \beta + \operatorname{ctg} \alpha}$$

und

$$\operatorname{ctg} (\alpha - \beta) = \frac{\operatorname{ctg} \alpha \cdot \operatorname{ctg} \beta + 1}{\operatorname{ctg} \beta - \operatorname{ctg} \alpha}.$$

§ 13. Funktionen der doppelten und halben Winkel.

Setzt man in den Formeln des vorhergehenden Paragraphen an die Stelle von β den Wert α bzw. für α und β je $\frac{\alpha}{2}$, so erhält man:

$$\sin(\alpha + \alpha) = \sin 2\alpha =$$
$$= \sin\alpha\cos\alpha + \cos\alpha\sin\alpha,$$

$$\sin\left(\frac{\alpha}{2} + \frac{\alpha}{2}\right) = \sin\alpha =$$
$$= \sin\frac{\alpha}{2}\cos\frac{\alpha}{2} + \cos\frac{\alpha}{2}\sin\frac{\alpha}{2};$$

$$\sin 2\alpha = 2\sin\alpha\cos\alpha \qquad (1) \qquad \sin\alpha = 2\sin\frac{\alpha}{2}\cos\frac{\alpha}{2};$$

$$\cos 2\alpha = \cos(\alpha + \alpha) =$$
$$= \cos\alpha\cos\alpha - \sin\alpha\sin\alpha,$$

$$\cos\alpha = \cos\left(\frac{\alpha}{2} + \frac{\alpha}{2}\right) =$$
$$= \cos\frac{\alpha}{2}\cos\frac{\alpha}{2} - \sin\frac{\alpha}{2}\sin\frac{\alpha}{2};$$

$$\cos 2\alpha = \cos^2\alpha - \sin^2\alpha, \qquad (2) \qquad \cos\alpha = \cos^2\frac{\alpha}{2} - \sin^2\frac{\alpha}{2};$$

$$\mathrm{tg}\, 2\alpha = \frac{2\,\mathrm{tg}\,\alpha}{1 - \mathrm{tg}^2\alpha}, \qquad (3) \qquad \mathrm{tg}\,\alpha = \frac{2\,\mathrm{tg}\,\frac{\alpha}{2}}{1 - \mathrm{tg}^2\frac{\alpha}{2}}.$$

Durch Addition und Subtraktion der beiden Gleichungen:

$$1 = \cos^2\alpha + \sin^2\alpha, \qquad\qquad 1 = \cos^2\frac{\alpha}{2} + \sin^2\frac{\alpha}{2};$$

$$\cos 2\alpha = \cos^2\alpha - \sin^2\alpha, \qquad\qquad \cos\alpha = \cos^2\frac{\alpha}{2} - \sin^2\frac{\alpha}{2};$$

erhält man:

$$1 + \cos 2\alpha = 2\cos^2\alpha, \qquad\qquad 1 + \cos\alpha = 2\cos^2\frac{\alpha}{2};$$

$$(4)$$

$$1 - \cos 2\alpha = 2\sin^2\alpha, \qquad\qquad 1 - \cos\alpha = 2\sin^2\frac{\alpha}{2};$$

oder

$$\cos\alpha = \pm\sqrt{\frac{1 + \cos 2\alpha}{2}} \qquad\qquad \cos\frac{\alpha}{2} = \pm\sqrt{\frac{1 + \cos\alpha}{2}};$$

$$(5)$$

$$\sin\alpha = \pm\sqrt{\frac{1 - \cos 2\alpha}{2}} \qquad\qquad \sin\frac{\alpha}{2} = \pm\sqrt{\frac{1 - \cos\alpha}{2}}.$$

Durch Division dieser Gleichungen erhält man:

$$\mathrm{tg}\,\alpha = \pm\sqrt{\frac{1 - \cos 2\alpha}{1 + \cos 2\alpha}}; \qquad\qquad \mathrm{tg}\,\frac{\alpha}{2} = \pm\sqrt{\frac{1 - \cos\alpha}{1 + \cos\alpha}}.$$

Diese Formeln zeigen, wie man die goniometrischen Funktionen des doppelten oder des halben Winkels durch die des Winkels selbst berechnen kann.

§ 14. Übungen zu den beiden vorhergehenden Paragraphen.

1. Setze in den Formeln (1) bis (5) des § 12 für α und β irgend zwei Winkel und prüfe die Richtigkeit durch Ausrechnen. Ist z. B.

$$\sin 25^0 \cdot \cos 50^0 + \cos 25^0 \sin 50^0 = \sin 75^0.$$

2. Leite aus den Formeln (1) bis (4), § 12, die entsprechenden Formeln des § 8 ab, z. B. $\sin (90 + \alpha) = \cos \alpha$.

3. Beweise nach § 12 die Richtigkeit der Formeln

$$\text{a)} \quad \operatorname{tg} (45 + \alpha) = \frac{1 + \operatorname{tg} \alpha}{1 - \operatorname{tg} \alpha} = \operatorname{ctg} (45 - \alpha) = \frac{\operatorname{ctg} \alpha + 1}{\operatorname{ctg} \alpha - 1},$$

$$\text{b)} \quad \operatorname{ctg} (45 + \alpha) = \frac{\operatorname{ctg} \alpha - 1}{\operatorname{ctg} \alpha + 1} = \operatorname{tg} (45 - \alpha) = \frac{1 - \operatorname{tg} \alpha}{1 + \operatorname{tg} \alpha},$$

$$\text{c)} \quad \sin (\alpha + \beta) \cdot \sin (\alpha - \beta) = \sin^2 \alpha - \sin^2 \beta = \cos^2 \beta - \cos^2 \alpha,$$

$$\text{d)} \quad \cos (\alpha + \beta) \cdot \cos (\alpha - \beta) = \cos^2 \alpha - \sin^2 \beta = \cos^2 \beta - \sin^2 \alpha,$$

$$\text{e)} \quad \operatorname{tg} \alpha + \operatorname{ctg} \alpha = \frac{2}{\sin 2 \alpha}; \quad \operatorname{tg} \alpha - \operatorname{ctg} \alpha = - 2 \operatorname{ctg} 2 \alpha.$$

4. Berechne aus $x = a (\cos \alpha + \cos \beta)$ und

$$y = a (\sin \alpha - \sin \beta) \text{ den Ausdruck } \sqrt{x^2 + y^2}.$$

$$\text{Ergebnis: } 2 a \cdot \cos \frac{\alpha + \beta}{2}.$$

5. Beweise mit Hilfe der Formeln (1) und (4) in § 13 die Richtigkeit der Formeln:

$$\operatorname{tg} \frac{\alpha}{2} = \frac{1 - \cos \alpha}{\sin \alpha} = \frac{\sin \alpha}{1 + \cos \alpha},$$

$$\operatorname{ctg} \frac{\alpha}{2} = \frac{1 + \cos \alpha}{\sin \alpha} = \frac{\sin \alpha}{1 - \cos \alpha},$$

$$\frac{\cos 2 \alpha}{1 + \cos 2 \alpha} = \frac{1 - \operatorname{tg}^2 \alpha}{2}.$$

Die beiden ersten Formeln ergeben sich auch unmittelbar aus der Abb. 95.

6. In der Abb. 96 sind durch den Punkt O auf dem Durchmesser eines Kreises (r) zwei Gerade OA und OB gezogen, die mit dem Durchmesser die

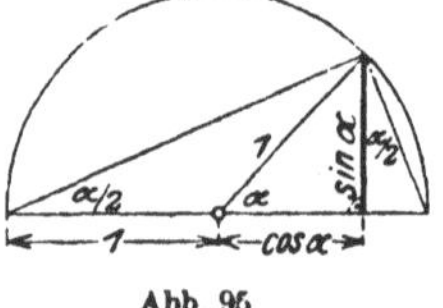

Abb. 95.

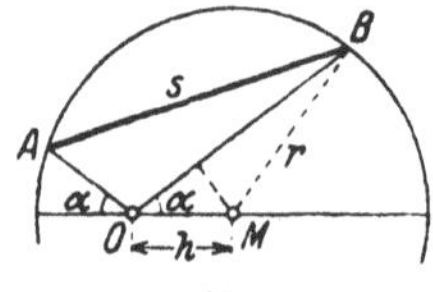

Abb. 96.

gleichen Winkel α einschließen. Es soll die Sehne $AB = s$ aus r, $h = OM$ und α berechnet werden.

$$OA = \varrho_1 = \sqrt{r^2 - h^2 \sin^2\alpha} - h\cos\alpha;$$
$$OB = \varrho_2 = \sqrt{r^2 - h^2 \sin^2\alpha} + h \cdot \cos\alpha$$
$$s^2 = \varrho_1^2 + \varrho_2^2 - 2\,\varrho_1\varrho_2 \cos(180^0 - 2\,\alpha).$$

Man findet $s = 2\,r \cdot \cos\alpha$, also **unabhängig von** h, was sich auch unmittelbar einsehen läßt.

7. Bestimme a und b aus den Gleichungen

$$a \sin\alpha - b \sin\beta = 0$$
$$a \cos\alpha + b \cos\beta = G.$$

Ergebnisse: $a = G \cdot \dfrac{\sin\beta}{\sin(\alpha + \beta)}; \quad b = G \cdot \dfrac{\sin\alpha}{\sin(\alpha + \beta)}.$

8. $\dfrac{\operatorname{tg}\alpha}{\operatorname{tg} 2\alpha} = 0{,}5 - 0{,}5 \cdot \operatorname{tg}^2\alpha.$

9. $\dfrac{v^2 \sin\alpha \cdot \cos\alpha}{g}$ ist gleichwertig mit $\dfrac{v^2}{2g} \cdot \sin 2\alpha.$

10. Aus den Gleichungen

$$A \sin\alpha = b \sin\beta - c \sin\gamma$$
$$A \cos\alpha = b \cos\beta - c \cos\gamma$$

folgt durch Quadrieren und Addieren der Gleichungen

$$A^2 = b^2 + c^2 - 2\,bc \cos(\beta - \gamma).$$

11. Zeige, daß $\dfrac{\sin\alpha + \cos\alpha \operatorname{tg} x}{\cos\alpha - \sin\alpha \operatorname{tg} x} = \operatorname{tg}(\alpha + x)$ ist.

12. Beweise: $\quad \sin 3\alpha = 3 \sin\alpha - 4 \sin^3\alpha,$
$$\cos 3\alpha = 4\cos^3\alpha - 3\cos\alpha.$$

Anleitung: $\qquad \sin 3\alpha = \sin(2\alpha + \alpha).$

13. AB ist der Durchmesser eines Kreises. a und b sind die parallelen Tangenten in A bzw. B. Ziehe durch den Mittelpunkt M eine Gerade, die a in C schneidet. Die Tangente von C an den Kreis schneidet b in D. Berechne die Strecke CD aus dem Radius r und dem Winkel $AMC = \alpha$. $CD = 2\,r : \sin 2\alpha$).

14. Ein rechtwinkliges Dreieck liegt mit der Hypotenuse c in einer Projektionsebene. Die Dreiecksebene schließt mit der Projektionsebene den Winkel φ ein. Berechne aus den Katheten a, b und dem Winkel φ die Projektion γ des rechten Winkels. — Anleitung: Nach Aufgabe 28 § 6 ist

$$\operatorname{tg}\alpha' = \operatorname{tg}\alpha \cdot \cos\varphi = \frac{a}{b} \cdot \cos\varphi; \quad \operatorname{tg}\beta' = \operatorname{tg}\beta \cdot \cos\varphi = \operatorname{ctg}\alpha \cdot \cos\varphi = \frac{b}{a}\cos\varphi;$$

$$\operatorname{tg}\gamma = \operatorname{tg}[180^0 - (\alpha' + \beta')] = -\operatorname{tg}(\alpha' + \beta') = \cdots = -\frac{a^2 + b^2}{ab} \cdot \frac{\operatorname{ctg}\varphi}{\sin\varphi}.$$

Für $a = 6$; $b = 8$ cm; $\varphi = 60^0$ wird $\gamma = 125^0 45'$.

15. Wird an der Berührungsstelle zweier Körper eine Kraft übertragen, so steht diese im allgemeinen schief zur Berührungsnormalen. Man zerlegt diese Kraft in zwei Komponenten, von denen die eine (N) in die Richtung der Normalen fällt und die andere (R) dazu senkrecht steht (Abb. 97). Diese letzte Komponente heißt die Reibung. Die Reibung ist erfahrungsgemäß ziemlich genau proportional dem Normaldruck N zwischen den Körpern. Man setzt daher

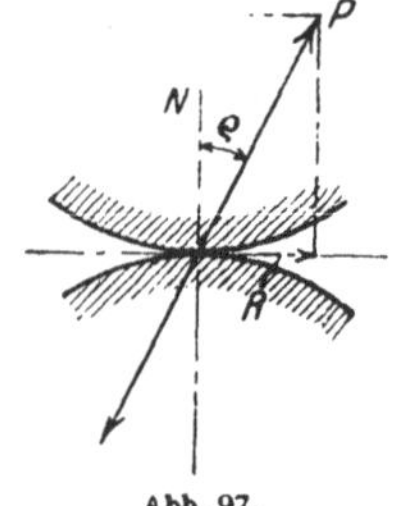

Abb. 97.

$$R = \mu \cdot N. \tag{1}$$

Der Zahlenfaktor μ wird **Reibungszahl** genannt. Die Abbildung zeigt, daß

$$R = N \cdot \operatorname{tg} \varrho \tag{2}$$

ist, wo ϱ den Winkel zwischen P und N bedeutet. ϱ heißt der **Reibungswinkel.** Aus (1) und (2) folgt

$$\boldsymbol{\mu = \operatorname{tg} \varrho.} \tag{3}$$

Jeder Reibungszahl μ ist also ein Reibungswinkel ϱ zugeordnet, dessen Tangens gleich μ ist. Die Reibungszahlen werden durch Versuche bestimmt. Die Reibung ist immer der Bewegungsrichtung entgegengesetzt (**Abb. 98**).

16. Eine Last von G kg soll längs einer **horizontalen Ebene** durch eine Zugkraft P bewegt werden. Wie groß muß die Kraft P mindestens sein, wenn ihre Richtung mit der Horizontalen den Winkel α einschließt? (Abb. 99.)

Die auf den Körper wirkenden Kräfte sind das Gewicht G, die Zugkraft P und die Resultierende S aus dem Normaldruck und der Reibung.

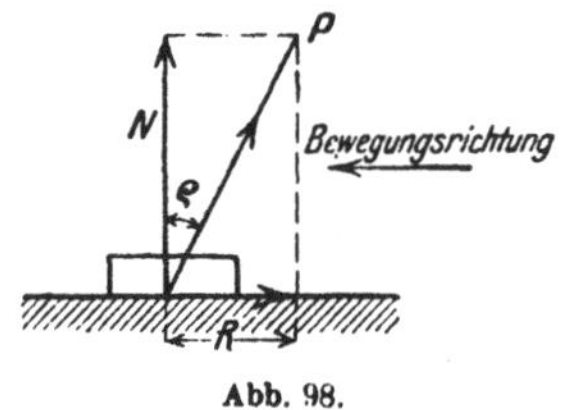

Abb. 98.

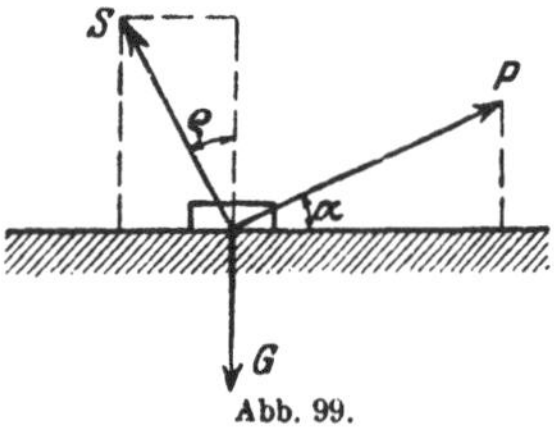

Abb. 99.

Nach § 9, Abschnitt b muß sowohl die Summe aller horizontalen als auch der vertikalen Komponenten gleich 0 sein. Das ergibt

$$P \cdot \cos \alpha - S \sin \varrho = 0$$
$$P \cdot \sin \alpha + S \cos \varrho = G.$$

Durch Ausschalten von S erhält man

$$P = \frac{G \cdot \sin \varrho}{\cos (\alpha - \varrho)}. \tag{1}$$

Entwickelt man $\cos (\alpha - \varrho)$ und berücksichtigt, daß $\operatorname{tg} \varrho = \mu$ ist, so kann man (1) auch die Form geben:

$$P = \frac{\mu G}{\cos \alpha + \mu \sin \alpha}. \tag{2}$$

Beachte, daß (1) den kleinsten Wert von P liefert, wenn $\alpha = \varrho$ ist.

Beispiel: Ist $G = 200\,\text{kg}$ und $\mu = 0,2$, so wird

für $\alpha =$	0^0	$11^0 19'$	30^0	50^0	70^0
„ $P =$	40	39,2	41,4	50,3	75,5 kg.

17. Auf einer schiefen Ebene (Abb. 100) mit dem Neigungswinkel β soll ein Körper vom Gewichte G aufwärts bewegt werden. Wie groß ist

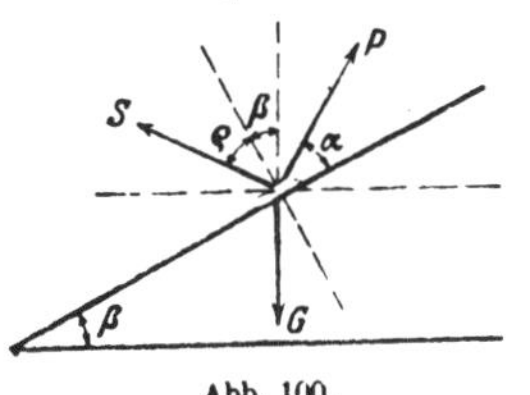

die erforderliche Kraft P unter Berücksichtigung der auftretenden Reibung?

Die Kräfte sind wieder P, G, S. Die Zerlegung in horizontale und vertikale Komponenten gibt die Gleichgewichtsbedingungen:

$$P \cos (\alpha + \beta) = S \sin (\beta + \varrho)$$

$$P \sin (\alpha + \beta) + S \cos (\beta + \varrho) = G.$$

Abb. 100.

Ausschaltung von S liefert:

$$P = G \cdot \frac{\sin (\beta + \varrho)}{\cos (\alpha - \varrho)} = G \cdot \frac{\sin \beta + \mu \cos \beta}{\cos \alpha + \mu \sin \alpha}. \tag{1}$$

Für $\beta = 0$ erhalten wir die Formeln (1) und (2) der vorhergehenden Aufgabe. Wirkt die Kraft P horizontal, ist also $\alpha = -\beta$, so geht (1) über in

$$P = G \cdot \operatorname{tg} (\beta + \varrho). \tag{2}$$

Beispiel: Ist $G = 200$ kg; $\mu = 0,2$, $\beta = 35^0$, so ist

für $\alpha = 25^0$	$\alpha = 0^0$	$\alpha = -35^0$
$P = 148,9$	147,5	209,4 kg.

18. In der Abb. 100a sind Grund- und Aufriß eines geraden Kreiskegels gezeichnet. Der Kegel wird von einer Ebene AC, die gegen die Grundfläche um den Winkel α geneigt ist, geschnitten. Es ist der Rauminhalt V des obern Teils SAC zu berechnen.

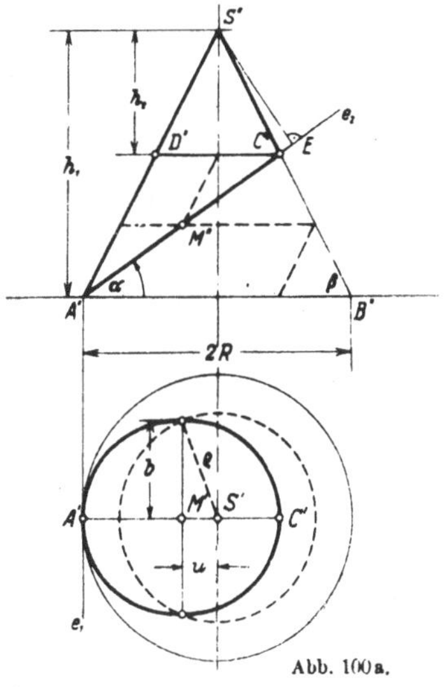
Abb. 100a.

Anleitung: Die Grundfläche des abgeschnittenen Kegels ist eine Ellipse, deren Halbachsen

$$a = AM = MC, \quad b = \sqrt{\varrho^2 - u^2}$$

berechnet werden können. Die Höhe dieses Kegels ist SE. Man findet

$$V = V_1 \cdot \left[\frac{\sin (\beta - \alpha)}{\sin (\beta + \alpha)} \right]^{3/2} \text{ oder}$$

$$V = V_2 \cdot \left[\frac{\sin (\beta + \alpha)}{\sin (\beta - \alpha)} \right]^{3/2}.$$

Darin bedeuten:

V_1 den Rauminhalt des ganzen Kegels SAB
V_2 den Rauminhalt des obern Kegels SCD
β den Winkel der Mantellinien mit der Grundfläche.

Aus dem Ergebnis folgt weiter

$$V = \sqrt{V_1 \cdot V_2} = \frac{\Pi}{3}\, Rr \cdot \sqrt{h_1 \cdot h_2}$$

($CD = 2\,r$; $AB = 2\,R$). Diese Formel gilt auch für einen schiefen Kreiskegel.

§ 15. Summen und Differenzen zweier gleicher Funktionen.

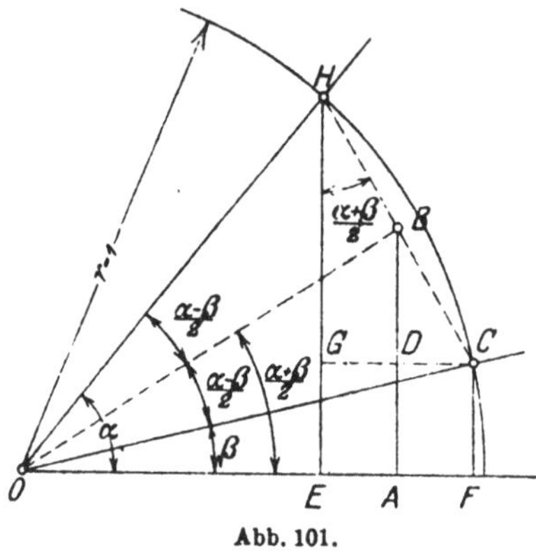

Abb. 101.

Die in § 13 entwickelten Formeln bezogen sich auf Summen und Differenzen von Winkeln. Jetzt soll gezeigt werden, wie man die Summe oder Differenz zweier gleicher Funktionen umformen kann. Von besonderer Wichtigkeit sind die Formeln für die Summe (Differenz) zweier Sinus oder zweier Kosinusfunktionen. Die Formeln lauten:

$$1. \qquad \sin\alpha + \sin\beta = \quad 2 \cdot \sin\frac{\alpha+\beta}{2} \cdot \cos\frac{\alpha-\beta}{2}$$

$$2. \qquad \sin\alpha - \sin\beta = \quad 2 \cdot \sin\frac{\alpha-\beta}{2} \cdot \cos\frac{\alpha+\beta}{2}$$

$$3. \qquad \cos\alpha + \cos\beta = \quad 2 \cdot \cos\frac{\alpha+\beta}{2} \cdot \cos\frac{\alpha-\beta}{2}$$

$$4. \qquad \cos\alpha - \cos\beta = -2 \cdot \sin\frac{\alpha+\beta}{2} \cdot \sin\frac{\alpha-\beta}{2}.$$

Ableitung: In Abb. 101 ist ein Stück des Einheitskreises gezeichnet. Es sei $\sphericalangle FOC = \beta$ und $\sphericalangle FOH = \alpha$. Weil $OH = r = 1$ ist, ist

$$EH = \sin\alpha; \quad CF = \sin\beta; \quad OE = \cos\alpha; \quad OF = \cos\beta.$$
$$\sphericalangle COH = \alpha - \beta.$$

Wir ziehen die Halbierungslinie OB dieses Winkels. In dem Trapez $FCHE$ ist

$$EH + FC = 2 \cdot AB, \text{ oder}$$

$$\sin \alpha + \sin \beta = 2 \cdot AB = 2 \cdot OB \cdot \sin \frac{\alpha + \beta}{2};$$

$$OB = OH \cdot \cos \frac{\alpha - \beta}{2} = \cos \frac{\alpha - \beta}{2}, \text{ somit ist}$$

$$\sin \alpha + \sin \beta = 2 \cdot \sin \frac{\alpha + \beta}{2} \cos \frac{\alpha - \beta}{2}. \qquad (1)$$

$$\sin \alpha - \sin \beta = EH - FC = EH - EG = GH$$

$$= HC \cdot \cos \frac{\alpha + \beta}{2} = 2 \cdot BH \cdot \cos \frac{\alpha + \beta}{2};$$

$$BH = OH \cdot \sin \frac{\alpha - \beta}{2} = \sin \frac{\alpha - \beta}{2}, \text{ somit ist}$$

$$\sin \alpha - \sin \beta = 2 \cdot \sin \frac{\alpha - \beta}{2} \cdot \cos \frac{\alpha + \beta}{2}; \qquad (2)$$

$$\cos \alpha + \cos \beta = OE + OF = 2 \cdot OA = 2 \cdot OB \cos \frac{\alpha + \beta}{2}$$

$$= 2 \cdot OC \cos \frac{\alpha - \beta}{2} \cdot \cos \frac{\alpha + \beta}{2} \text{ oder}$$

$$\text{da } OC = 1$$

$$\cos \alpha + \cos \beta = 2 \cos \frac{\alpha + \beta}{2} \cos \frac{\alpha - \beta}{2} \qquad (3)$$

$$\cos \alpha - \cos \beta = OE - OF = -EF = -GC = -HC \sin \frac{\alpha + \beta}{2}$$

$$= -2 \cdot BH \sin \frac{\alpha + \beta}{2};$$

$$BH = \sin \frac{\alpha - \beta}{2}, \text{ somit ist}$$

$$\cos \alpha - \cos \beta = -2 \sin \frac{\alpha - \beta}{2} \sin \frac{\alpha + \beta}{2}. \qquad (4)$$

Auch diese Formeln gelten allgemein, d. h. für irgend zwei beliebige Winkel.

Um diese Formeln leicht im Gedächtnis behalten zu können, achte man zunächst auf den genau gleichen Bau der rechten Seiten; es sind überall doppelte Produkte. Bei den Formeln (1) und (2) haben wir rechts je zwei verschiedene, bei (3) und (4) zwei gleiche Funktionen.

Da eine Vertauschung der Glieder eine Summe nicht ändert, muß bei allen Formeln, welche die Summe zweier Funktionen enthält, die halbe Differenz $\frac{\alpha - \beta}{2}$ in der Funktion Kosinus vorkommen. Der Kosinus des

Winkels $\dfrac{\beta - \alpha}{2}$ ist ja der gleiche wie der von $\dfrac{\alpha - \beta}{2}$. Man merke sich:

> bei plus steht die Differenz bei Kosinus,
> bei minus bei Sinus.

Übungen.

1. Setze in den Formeln 1 bis 4 für β den Wert 0 und leite dadurch die Formeln des § 13 ab. Zeichne auch die zugehörige Figur.

2. Leite die Formeln 1 bis 4 auch auf die folgende Art aus den Formeln 1 bis 4 in § 12 ab.

$$\sin (x + y) = \sin x \cos y + \cos x \sin y,$$
$$\sin (x - y) = \sin x \cos y - \cos x \sin y. \quad \text{Addition liefert:}$$
$$\sin (x + y) + \sin (x - y) = 2 \sin x \cos y.$$

Setzt man $x + y = \alpha$

$$x - y = \beta, \quad \text{dann ist } x = \frac{\alpha + \beta}{2} \text{ und } y = \frac{\alpha - \beta}{2}, \text{ somit}$$

$$\sin \alpha + \sin \beta = 2 \sin \frac{\alpha + \beta}{2} \cos \frac{\alpha - \beta}{2}. \quad \text{(Formel 1, oben.)}$$

3. Beweise die Richtigkeit der folgenden Formeln:

$$\operatorname{tg} \alpha + \operatorname{tg} \beta = \frac{\sin (\alpha + \beta)}{\cos \alpha \cos \beta},$$

$$\operatorname{tg} \alpha - \operatorname{tg} \beta = \frac{\sin (\alpha - \beta)}{\cos \alpha \cos \beta},$$

$$\frac{\operatorname{tg} \alpha + \operatorname{tg} \beta}{\operatorname{tg} \alpha - \operatorname{tg} \beta} = \frac{\sin (\alpha + \beta)}{\sin (\alpha - \beta)},$$

Anleitung: Ersetze $\operatorname{tg} \alpha$ durch $\dfrac{\sin \alpha}{\cos \alpha}$ usw. vnd bringe die Brüche auf gemeinsamen Nenner.

$$\frac{\sin \alpha - \sin \beta}{\cos \alpha + \cos \beta} = \operatorname{tg} \frac{\alpha - \beta}{2},$$

$$\frac{\sin \alpha + \sin \beta}{\cos \alpha + \cos \beta} = \operatorname{tg} \frac{\alpha + \beta}{2},$$

$$\frac{\sin \alpha + \sin \beta}{\sin \alpha - \sin \beta} = \operatorname{tg} \frac{\alpha + \beta}{2} \cdot \operatorname{ctg} \frac{\alpha - \beta}{2} = \operatorname{tg} \frac{\alpha + \beta}{2} : \operatorname{tg} \frac{\alpha - \beta}{2}.$$

4. Beweise.

$$\frac{1 + \sin \alpha}{\cos \alpha} = \operatorname{tg} \left(45^0 + \frac{\alpha}{2} \right),$$

$$\frac{\cos \alpha}{1 + \sin \alpha} = \operatorname{tg} \left(45^0 - \frac{\alpha}{2} \right),$$

$$\frac{1 + \sin \alpha}{1 - \sin \alpha} = \operatorname{tg}^2 \left(45^0 + \frac{\alpha}{2} \right),$$

Anleitung: Setze $\dfrac{1 + \sin \alpha}{\cos \alpha} = \dfrac{\sin 90^0 + \sin \alpha}{\cos 90^0 + \cos \alpha}.$ Die Formeln können auch unmittelbar der Abb. 102 entnommen werden.

5. Tangenssatz. Sind α und β zwei Winkel eines Dreiecks, a und b die gegenüberliegenden Seiten, so gilt die Beziehung:

$$\frac{a+b}{a-b} = \frac{\operatorname{tg}\dfrac{\alpha+\beta}{2}}{\operatorname{tg}\dfrac{\alpha-\beta}{2}}. \tag{1}$$

Beweis: Nach dem Sinussatz ist

$$\frac{a}{b} = \frac{\sin\alpha}{\sin\beta}.$$

Durch entsprechende Addition und Subtraktion folgt hieraus

$$\frac{a+b}{a-b} = \frac{\sin\alpha+\sin\beta}{\sin\alpha-\sin\beta}. \tag{2}$$

Die rechte Seite von (2) stimmt aber nach dem letzten Beispiel der Aufgabe 3 mit der rechten Seite von (1) überein. Die Beziehung (1) (Tangenssatz genannt) kann benutzt werden, wenn aus zwei Seiten eines Dreiecks und dem von ihnen eingeschlossenen Winkel die beiden andern Winkel berechnet werden sollen.

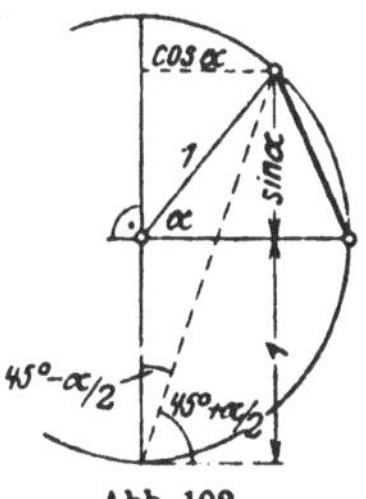

Abb. 102.

Beispiel: $a = 10$ cm; $b = 8$ cm; $\gamma = 70^0$.

Es ist $\left.\begin{array}{l} a+b = 18 \\ a-b = 2 \\ \dfrac{\alpha+\beta}{2} = 55^0 \end{array}\right\}$

Aus (1) folgt dann

$$\operatorname{tg}\frac{\alpha-\beta}{2} = \frac{1}{9}\operatorname{tg}55^0 = 0{,}1587;\ \text{also}\ \frac{\alpha-\beta}{2} = 9^0\,1'.$$

Demnach ist

$$\frac{\alpha+\beta}{2} = 55^0$$

$$\frac{\alpha-\beta}{2} = 9^0\,1'.$$

Durch Addition und Subtraktion dieser beiden Gleichungen erhält man $\alpha = 64^0\,1'$ und $\beta = 45^0\,59'$. (Siehe § 11, 3. Aufgabe, Beispiel 1.)

6. Beweise: $\sin(30^0 + \alpha) + \sin(30^0 - \alpha) = \cos\alpha$,

$$\cos(30^0 + \alpha) - \cos(30^0 - \alpha) = -\sin\alpha,$$
$$\sin(45^0 + \alpha) - \sin(45^0 - \alpha) = \sqrt{2}\cdot\sin\alpha.$$
$$A\sin(x+\alpha) + A\sin(x-\alpha) = 2A\cos\alpha\cdot\sin x.$$

7. Beweise: $\sin\alpha\cdot\cos\beta = \frac{1}{2}[\sin(\alpha+\beta) + \sin(\alpha-\beta)]$,

$$\cos\alpha\cdot\cos\beta = \frac{1}{2}\cdot[\cos(\alpha+\beta) + \cos(\alpha-\beta)],$$
$$\sin\alpha\cdot\sin\beta = \frac{1}{2}[\cos(\alpha-\beta) - \cos(\alpha+\beta)].$$

Setze in allen Formeln $\alpha = 70^0$; $\beta = 50^0$ und rechne sowohl die linke als die rechte Seite jeder Formel aus. — Setze $\alpha = \beta$. — Setze $\beta = 0$.

8. Prüfe die folgenden Beispiele:

$2\cos\ 20^0\cos 30^0 = \cos 50^0 + \cos 10^0$	$\cos 70^0 + \cos 20^0 = \sqrt{2}\cdot\cos 25^0$
$2\sin\ 20^0\sin 30^0 = \cos 10^0 - \cos 50^0$	$\cos 120^0 - \cos 50^0 = -2\sin 85^0\sin 35^0$
$2\sin 150^0\cos 40^0 = \cos 20^0 - \sin 10^0$	$\sin\ 80^0 + \sin 30^0 = 2\sin 55^0\cos 25^0$
$2\cos\ 70^0\sin 20^0 = \quad 1\ -\sin 50^0$	$\sin\ 20^0 - \sin 10^0 = 2\sin 5^0\cos 15^0$

9. $\cos\alpha \pm \sin\alpha = \sqrt{2}\cdot\sin(45^{0}+\alpha)$;　$\cos\alpha \mp \sin\alpha = \sqrt{2}\cdot\cos(45^{0}\pm\alpha)$

$$\frac{\cos\alpha + \sin\alpha}{\cos\alpha - \sin\alpha} = \mathrm{tg}\,(45^{\circ}+\alpha) \qquad \frac{\cos\alpha - \sin\alpha}{\cos\alpha + \sin\alpha} = \mathrm{tg}\,(45^{\circ}-\alpha).$$

10. n gleich lange Strecken e werden aneinander gelegt, und zwar so, daß jede folgende gegenüber der vorhergehenden im gleichen Sinne um den Winkel α gedreht ist. Wie lang ist die Verbindungslinie E von Anfangs- und Endpunkt? (Abb. 103.)

Die Punkte $A\,A_1, A_2 \ldots A_n$ liegen auf einem Kreise mit dem Halbmesser r. $\sphericalangle\,AMA_1 = \sphericalangle\,A_1MA_2 = A_2MA_3 = \ldots = \alpha$;　$\sphericalangle\,AMA_n = n\alpha$. Nun ist

$$e = 2r\cdot\sin\frac{\alpha}{2};\quad E = 2r\cdot\sin\frac{n\alpha}{2};\ \text{somit}\ E = e\cdot\frac{\sin\left(\dfrac{n\alpha}{2}\right)}{\sin\dfrac{\alpha}{2}}.$$

Für kleine Werte von $\dfrac{\alpha}{2}$ kann der Sinus durch den Bogen ersetzt werden

und es ist $E = \dfrac{2e}{\alpha}\cdot\sin\dfrac{n\alpha}{2}$.

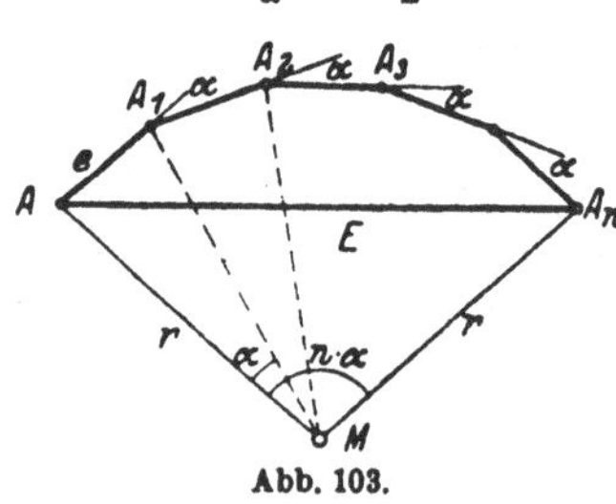

Abb. 103.

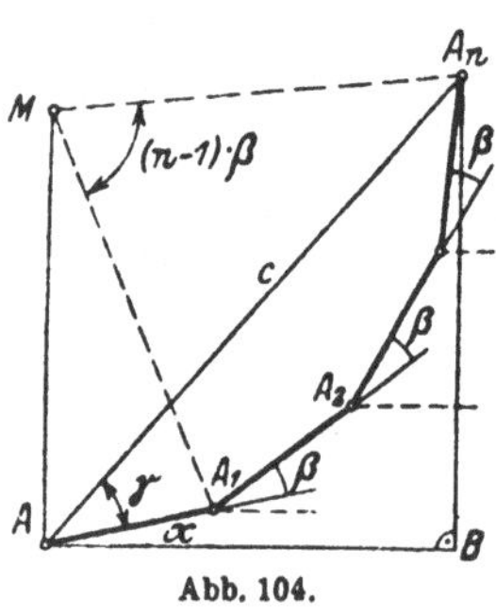

Abb. 104.

11. Es sei (Abb. 104) $AA_1 = A_1A_2 = A_2A_3 = \ldots\ldots = 1$; dann ist

nach der vorhergehenden Aufgabe $AA_n = c = \dfrac{\sin\dfrac{n\beta}{2}}{\sin\dfrac{\beta}{2}}$. Der Winkel γ ist

als Umfangswinkel über dem Bogen A_1A_n gleich der Hälfte des zugehörigen Mittelpunktswinkels $(n-1)\,\beta$. Die Strecken $AA_1,\,A_1A_2 \ldots$ schließen mit der Horizontalen durch A der Reihe nach die Winkel ein; $\alpha;\ \alpha+\beta;\ \alpha+2\beta;\ \ldots\alpha+(n-1)\beta$. Projiziert man daher den Linienzug $AA_1A_2 \ldots A_n$ und die Schlußlinie $AA_n = c$, sowohl auf AB, als auch auf die dazu senkrechte Gerade A_nB, so erhält man die wichtigen Formeln:

$$\left.\begin{aligned}
\cos\alpha + \cos(\alpha+\beta) + \cdots + \cos[\alpha+(n-1)\beta] &= \frac{\sin\dfrac{n\beta}{2}}{\sin\dfrac{\beta}{2}}\cdot\cos\left(\alpha+\frac{n-1}{2}\cdot\beta\right)\\[3ex]
\sin\alpha + \sin(\alpha+\beta) + \cdots + \sin[\alpha+(n-1)\beta] &= \frac{\sin\dfrac{n\beta}{2}}{\sin\dfrac{\beta}{2}}\cdot\sin\left(\alpha+\frac{n-1}{2}\cdot\beta\right)
\end{aligned}\right\} \quad (1)$$

Setzt man $\alpha = 0$, so erhält man

$$\left.\begin{aligned}
1 + \cos\beta + \cos 2\beta + \cdots + \cos(n-1)\beta &= \frac{\sin\dfrac{n\beta}{2}}{\sin\dfrac{\beta}{2}} \cdot \cos\frac{n-1}{2}\cdot\beta \\[2em]
\sin\beta + \sin 2\beta + \cdots + \sin(n-1)\beta &= \frac{\sin\dfrac{n\beta}{2}}{\sin\dfrac{\beta}{2}} \cdot \sin\frac{n-1}{2}\cdot\beta
\end{aligned}\right\} \quad (2)$$

Setzt man in (1) oder (2) für β den Wert $\dfrac{360^0}{n}$ oder in Bogenmaß $\dfrac{2\pi}{n}$, worin n eine positive ganze Zahl bedeutet, so ist, weil $\sin\left(\dfrac{n\beta}{2}\right) = \sin\left(n\cdot\dfrac{180^0}{n}\right) = \sin 180^0 = 0$,

$$\left.\begin{aligned}
\cos\alpha + \cos\left(\alpha + \frac{2\pi}{n}\right) + \cos\left(\alpha + 2\cdot\frac{2\pi}{n}\right) + \cdots + \cos\left[\alpha + (n-1)\frac{2\pi}{n}\right] &= 0 \\[1em]
\sin\alpha + \sin\left(\alpha + \frac{2\pi}{n}\right) + \sin\left(\alpha + 2\cdot\frac{2\pi}{n}\right) + \cdots + \sin\left[\alpha + (n-1)\frac{2\pi}{n}\right] &= 0
\end{aligned}\right\} \quad (1')$$

$$\left.\begin{aligned}
1 + \cos\left(\frac{2\pi}{n}\right) + \cos\left(2\cdot\frac{2\pi}{n}\right) + \cos\left(3\cdot\frac{2\pi}{n}\right) + \cdots + \cos(n-1)\frac{2\pi}{n} &= 0 \\[1em]
\sin\left(\frac{2\pi}{n}\right) + \sin\left(2\cdot\frac{2\pi}{n}\right) + \sin\left(3\cdot\frac{2\pi}{n}\right) + \cdots + \sin(n-1)\frac{2\pi}{n} &= 0
\end{aligned}\right\} \quad (2')$$

Beweise:

$$\cos\beta + \cos 2\beta + \cos 3\beta + \cdots + \cos n\beta = \frac{\sin\left(n+\dfrac{1}{2}\right)\beta - \sin\dfrac{\beta}{2}}{2\sin\dfrac{\beta}{2}}$$

$$\sin\beta + \sin 2\beta + \sin 3\beta + \cdots + \sin n\beta = \frac{\cos\dfrac{\beta}{2} - \cos\left(n+\dfrac{1}{2}\right)\beta}{2\sin\dfrac{\beta}{2}}$$

12. In Abb. 105 ist ein Kettenrad gezeichnet. Es bezeichnen: t die Kettenteilung, d die Ketteneisenstärke, $\mathfrak{z}$ die Zähnezahl. Aus diesen drei Größen ist der Durchmesser $D = 2r$ des Teilkreises zu berechnen.

Lösung: Nach der Abbildung ist

$$t + d = 2r\cdot\sin\frac{\alpha}{2};$$

$$t - d = 2r\cdot\sin\frac{\beta}{2}. \quad \text{Hieraus folgt:}$$

$$t = r\left(\sin\frac{\alpha}{2} + \sin\frac{\beta}{2}\right) = 2r\cdot\sin\frac{\alpha+\beta}{4}\cdot\cos\frac{\alpha-\beta}{4};$$

$$d = r\left(\sin\frac{\alpha}{2} - \sin\frac{\beta}{2}\right) = 2r\cdot\cos\frac{\alpha+\beta}{4}\sin\frac{\alpha-\beta}{4}.$$

Nun ist

$$\alpha + \beta = \frac{360}{\delta}, \text{ also ist}$$

$$\frac{\alpha + \beta}{4} = \frac{90}{\delta}. \quad \text{Demnach ist}$$

$$\frac{t}{\sin\dfrac{\alpha+\beta}{4}} \;\bigg|\; = \frac{t}{\sin\dfrac{90}{\delta}} = 2\,r\cos\frac{\alpha-\beta}{4}$$

$$\frac{d}{\cos\dfrac{\alpha+\beta}{4}} \;\bigg|\; = \frac{d}{\cos\dfrac{90}{\delta}} = 2\,r\cdot\sin\frac{\alpha-\beta}{4}.$$

Durch Quadrieren und Addieren dieser beiden Gleichungen erhält man

$$2r = D = \sqrt{\left(\frac{t}{\sin\dfrac{90}{\delta}}\right)^2 + \left(\frac{d}{\cos\dfrac{90}{\delta}}\right)^2}.$$

Zahlenbeispiele enthält die folgende Tabelle:

		1.	2.	3.	4.
Ketteneisenstärke	$d =$	6 mm	8 mm	16 mm	20 mm
Innere Gliedlänge	$t =$	18,5 „	22,5 „	48 „	62,5 „
Zähnezahl	$\delta =$	6 „	8 „	9 „	6 „
Teilkreisdurchmesser	$D =$	71,8 „	115,6 „	277 „	242,4 „

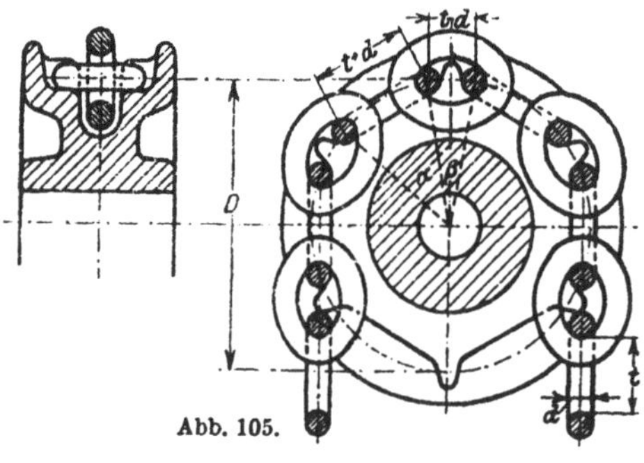

Abb. 105.

13. Beziehungen zwischen Funktionen von drei Winkeln, deren Summe 180° beträgt, also z. B. von Dreieckswinkeln. (Beachte § 9a, Aufgabe 7.) Beweise:

a)
$$\sin\alpha + \sin\beta + \sin\gamma = 4\cos\frac{\alpha}{2}\cos\frac{\beta}{2}\cos\frac{\gamma}{2}.$$

Anleitung: $\sin\gamma = \sin(\alpha+\beta)$ entwickle $\sin\alpha + \sin\beta$ nach § 15, Formel (1) und $\sin(\alpha+\beta)$ nach § 13, Formel (1).

b) $\sin\alpha + \sin\beta - \sin\gamma = 4\sin\dfrac{\alpha}{2}\sin\dfrac{\beta}{2}\cos\dfrac{\gamma}{2}.$

c) $\cos\alpha + \cos\beta + \cos\gamma = 4\sin\dfrac{\alpha}{2}\sin\dfrac{\beta}{2}\cdot\sin\dfrac{\gamma}{2} + 1.$

d) $\cos\alpha + \cos\beta - \cos\gamma = 4\cos\dfrac{\alpha}{2}\cos\dfrac{\beta}{2}\sin\dfrac{\gamma}{2} - 1.$

e) $\operatorname{tg}\alpha + \operatorname{tg}\beta + \operatorname{tg}\gamma = \operatorname{tg}\alpha \cdot \operatorname{tg}\beta \cdot \operatorname{tg}\gamma$.

Anleitung: $\operatorname{tg}(\alpha + \beta) = -\operatorname{tg}\gamma$. Formel für $\operatorname{tg}(\alpha + \beta)$ § 12, Formel 5.

f) $\operatorname{ctg}\dfrac{\alpha}{2} + \operatorname{ctg}\dfrac{\beta}{2} + \operatorname{ctg}\dfrac{\gamma}{2} = \operatorname{ctg}\dfrac{\alpha}{2} \cdot \operatorname{ctg}\dfrac{\beta}{2} \cdot \operatorname{ctg}\dfrac{\gamma}{2}$.

§ 16. Goniometrische Gleichungen.

Wer den folgenden § 17 verarbeitet, wird vorteilhaft diesen Paragraphen erst nach § 17 studieren.

Zur Auflösung goniometrischer Gleichungen beachte man die folgende Regel: Man formt die Gleichung um, bis sie nur eine Funktion des gesuchten Winkels enthält (also z. B. nur $\sin x$, oder nur $\operatorname{tg} x$ usf.). Beachte auch § 4, Aufgabe 4.

1. $\sin x + \cos^2 x = 1{,}09$; $x = ?$

    Anleitung: Setze $\cos^2 x = 1 - \sin^2 x$, und löse nach $\sin x$ auf.

    $x_1 = 5^0 44'$; $x_2 = 64^0 10'$; $x_3 = 180 - x_1$; $x_4 = 180 - x_2$.

2. $3\sin\alpha = 4\operatorname{ctg}\alpha$; $\alpha = ?$

    Setze $\operatorname{ctg}\alpha = \dfrac{\cos\alpha}{\sin\alpha}$; $\sin^2\alpha = 1 - \cos^2\alpha$; es wird

    $\alpha_1 = 57^0 38'$; $\alpha_2 = 302^0 22'$.

3. $\cos x \cdot \operatorname{ctg} x = 2$; $x = ?$

    Setze $\operatorname{ctg} x = \dfrac{\cos x}{\sin x}$; $\cos^2 x = 1 - \sin^2 x$; es wird

    $x_1 = 24^0 28'$; $x_2 = 155^0 32'$.

4. $\sin x = 0{,}4\cos^2 x$.

    Setze $\cos^2 x = 1 - \sin^2 x$; es wird

    $x_1 = 20^0 32'$; $x_2 = 159^0 28'$.

5. $2(\operatorname{tg} x + \operatorname{ctg} x) = 7$.

    Setze $\operatorname{ctg} x = 1 : \operatorname{tg} x$ und löse nach $\operatorname{tg} x$ auf.

    $x_1 = 72^0 34'5$; $x_2 = 252^0 34'5$; $x_3 = 90 - x_1$; $x_4 = 180 + x_3$.

6. $\sin 2x = \cos x$.

    Lösung: $\sin 2x = 2\sin x \cos x$;

         $2\sin x \cos x = \cos x$;

         $\cos x (2\sin x - 1) = 0$.

    Aus $\cos x = 0$ folgt $x_1 = 90^0$; $x_2 = 270^0$.

     ,, $2\sin x - 1 = 0$ folgt $x_3 = 30^0$; $x_4 = 150^0$.

Andere Lösung: Aus der Gleichung

         $\sin\alpha = \sin\beta$

kann folgen $\alpha - \beta = k \cdot 360^0$ $\Big\}\ k = 0, 1, 2$.

        oder $\alpha + \beta = 180^0 + k\,360^0$

wie man aus dem Einheitskreis ersieht. Ist nun

     $\sin 2x = \cos x = \sin(90^0 + x)$, so ist, für Winkel zwischen

0^0 und 360^0 entweder

$$2\,x_1 - 90 - x_1 = 0 \text{ oder } x_1 = 90^0 \quad (k = 0)$$
$$2\,x_2 + 90 + x_2 = 180^0 \ ; \ x_2 = 30^0 \quad (k = 0)$$
$$2\,x_3 + 90 + x_3 = 540^0 \ ; \ x_3 = 150^0 \quad (k = 1)$$
$$2\,x_4 + 90 + x_4 = 900^0 \ ; \ x_4 = 270^0 \quad (k = 2).$$

7. $\sin (50^0 - x) = \cos (50^0 + x)$
$$x_1 = 135^0 \qquad x_2 = 315^0,$$

8. $\sin (50^0 - x) = \cos (20^0 + x)$
$$x_1 = 150^0 \qquad x_2 = 330^0.$$

9. $\sin (2\,x) = 2 \cdot \cos x$
$$x_1 = 90^0 \qquad x_2 = 270^0.$$

10. $\operatorname{tg} (2\,\alpha) = 4 \sin \alpha$. (Gesucht α zwischen 0^0 und 180^0)
$$\alpha_1 = 0; \ \alpha_2 = 180^0; \ \alpha_3 = 32^0\,32'; \ \alpha_3 = 126^0\,22'5.$$

11. $\sin (x + 10^0) + \cos (x - 20^0) = 1{,}2.$

　　　Setze $\cos (x - 20^0) = \sin (90^0 + x - 20^0) = \sin (x + 70^0).$

　　　Summe zweier Sinusfunktionen.
$$x_1 = 3^0 51' 18; \qquad x_2 = 96^0 8' 42''.$$

12. $\sin (x + 15^0) \cos (x - 30^0) = 0{,}5.$

　　　Beachte: $\sin \alpha \cdot \cos \beta = \dfrac{1}{2} [\sin (\alpha + \beta) + \sin (\alpha - \beta)].$
$$x_1 = 16^0 1'; \ \ x_2 = 88^0 59'; \ \ x_3 = 196^0 1'; \ \ x = 268^0 59'.$$

13. $\cos^2 x = 2 \sin x \qquad x_1 = 24^0 28' \qquad x_2 = 180 - x_1.$

14. $\cos x - \sin x = \sin x \cdot \cos x.$

　　　Quadrieren und nachher den Winkel $2\,x$ einführen.
$$x_1 = 27^0 58' \qquad x_2 = 242^0 2'$$

　　15. Oft kann man zur Lösung der Gleichung einen Hilfswinkel φ einführen. Ist z. B. eine Gleichung von der Form
$$a \sin \alpha + b \cos \alpha = c$$
gegeben, so dividiert man durch a.

$$\sin \alpha + \frac{b}{a} \cos \alpha = \frac{c}{a},$$

setzt　　　　　　　　　　$$\frac{b}{a} = \operatorname{tg} \varphi;$$

φ kann hieraus berechnet werden.

Es ist nun　　　　$$\sin \alpha + \operatorname{tg} \varphi \cos \alpha = \frac{c}{a} \quad \text{oder}$$

$$\sin (\alpha + \varphi) = \frac{c}{a} \cdot \cos \varphi;$$

hieraus folgt $\alpha + \varphi$, daraus α.

　　　Beispiel: $\sin x + 3 \cos x = 1{,}5.$
$$x_1 = 80^0 7'; \qquad x_2 = 316^0 45'.$$

16. $\dfrac{\sin x}{\sin y} = 1{,}5$

$x + y = 90^0$

Es ist $\sin y = \sin (90 - x) = \cos x,$
$$x = 56^0\,20',$$
$$y = 33^0\,40'.$$

17. $x + y = 120^0$

$\sin x - \sin y = 0{,}2$

$\dfrac{x+y}{2}$ ist bekannt; $\dfrac{x-y}{2}$ ergibt sich aus der Formel für $\sin x - \sin y$.
$$x = 71^0 32',$$
$$y = 48^0 28'.$$

18. $x + y = 124^0$

$\cos x + \cos y = 0{,}8$

$x = 93^0\,34',$
$y = 30^0\,26'.$

19. In den folgenden Beispielen ist neben der goniometrischen Funktion von x noch x selbst vorhanden. Dadurch wird die Lösung der Gleichung etwas schwieriger. Man wird solche Gleichungen nach den bekannten Näherungsverfahren unter Benutzung von Millimeterpapier lösen. Es sei z. B. x aus der Gleichung:
$$\cos x = 1{,}2\,x$$
zu bestimmen.

Erste Lösung: Es ist
$$\cos x - 1{,}2\,x = 0 \qquad\qquad (1)$$
Wir setzen
$$y = \cos x - 1{,}2\,x \qquad\qquad (2)$$

(x ist in Bogenmaß einzusetzen). Man denke sich für x auf der rechten Seite verschiedene Werte eingesetzt und die zugehörigen y berechnet. Jedem Wertepaare (x, y) entspricht in einem rechtwinkligen Koordinatensystem ein Punkt, der Gesamtheit von Wertepaaren (x, y) eine Kurve. Für die Schnittpunkte der Kurve mit der Abszissenachse ist y gleich 0, also nach Gleichung (2)
$$0 = \cos x - 1{,}2\,x,$$
d. h. die Abszissen der Schnittpunkte der Kurve
$$y = \cos x - 1{,}2\,x$$
mit der x-Achse sind die Wurzeln der Gleichung (1).

Man braucht nun diese Kurve nicht zu zeichnen. Wird nämlich für irgendeinen Wert x_1 nach Gleichung (2) der zugehörige Wert y_1 positiv, für einen andern Wert x_2 aber negativ, so liegt der erste Punkt (x_1, y_1) oberhalb der x-Achse, der zweite Punkt (x_2, y_2) dagegen unterhalb. Zwischen diesen Punkten wird die Kurve, wenn sie stetig ist, die x-Achse schneiden müssen, d. h. zwischen x_1 und x_2 liegt eine Wurzel der Gleichung (1). Nun ist

für $x = 0,$ $\qquad y = \cos 0^0 - 1{,}2 \cdot 0 = +\,1,$

„ $x = \dfrac{\pi}{2}\,(90^0) : y = \cos 90^0 - 1{,}2 \cdot \dfrac{\pi}{2} = -\,1{,}885.$

Demnach liegt zwischen 0^0 und 90^0 eine Wurzel, und zwar, wahrscheinlich näher bei 0^0 als bei 90^0. Wir versuchen es mit $x = 30^0$ und $x = 40^0$:

für $x_1 = 30^0\,(0{,}5236)$ wird $y_1 = +\,0{,}2377$

$x_2 = 40^0\,(0{,}6981)$ „ $y_2 = -\,0{,}0711$

Zwischen 30 und 40^0 liegt also eine Wurzel.

Wir zeichnen nun auf Millimeterpapier eine 10 cm lange Strecke AB, die dem Intervall 30^0 bis 40^0 entsprechen möge (siehe Abb. 106); errichten in A und B Lote von den Längen $+ 0{,}2377$ und $- 0{,}0711$ oder passenden Vielfachen davon; verbinden die Endpunkte C und D durch eine gerade Linie. Sie schneidet die Strecke AB zwischen 37^0 und 38^0; demnach liegt, wahrscheinlich, zwischen 37^0 und 38^0 eine Wurzel der Gleichung, und zwar näher bei 38^0. Zwischen C und D haben wir die Kurve näherungsweise durch die Sehne ersetzt.

Für $x_1 = 37^0\,(0{,}6458)$ wird $y_1 = + 0{,}0236$ } Demnach liegt tatsächlich zwi-
„ $x_2 = 38^0\,(0{,}6632)$ „ $y_2 = - 0{,}0078$ } schen 37^0 und 38^0 eine Wurzel.

Wir zeichnen auf Millimeterpapier eine 6 cm lange Strecke AB, die dem Intervall $1^0 = 60'$ (37^0 bis 38^0) entsprechen möge (siehe Abb. 107);

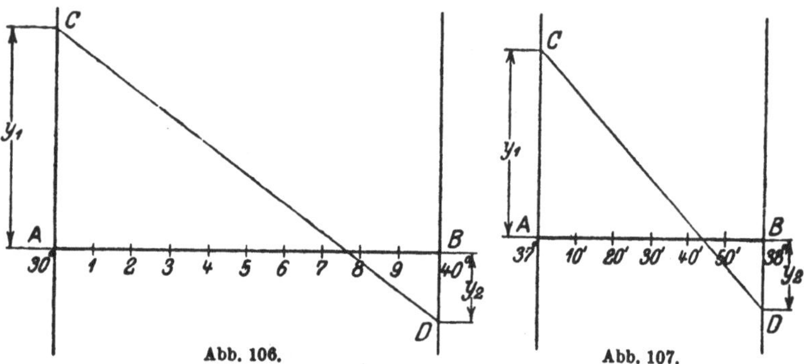

Abb. 106.   Abb. 107.

errichten in A und B Lote, die den Ordinaten $+ 0{,}0236$ und $- 0{,}0078$ entsprechen. Die Gerade CD schneidet die Strecke AB in einem Punkte, der dem Winkel $45'$ entspricht. Es ist also der gesuchte Winkel

$$x = 37^0 45'.$$

In der Tat wird für diesen Winkel $y = 0$ (mit vierstelligen Tabellen gerechnet). Das besprochene Verfahren nennt man auch die „Regula falsi".

Zweite Lösung: Man zeichnet wieder auf Millimeterpapier die zwei Kurven, die den Gleichungen

(I) $y_1 = \cos x$ (Kosinuskurve)
(II) $y_2 = 1{,}2\,x$ (Gerade Linie)

entsprechen. (Siehe Abb. 108.)

Auf der Ordinatenachse wähle man 10 cm als Einheit; auf der Abszissenachse möge die Länge 1 cm $0{,}1745$ Einheiten des Bogenmaßes, oder was das nämliche ist, 10^0 entsprechen. Die beiden Kurven I und II treffen sich in einem Punkte P und für diesen ist $y_1 = y_2$, also $\cos x = 1{,}2\,x$. Man entnimmt der Abbildung, daß dies für etwas mehr als 37^0 der Fall ist. Um das Ergebnis genauer zu finden, zeichne man das in der Abbildung

durch ein ganz kleines Quadrat abgegrenzte Gebiet in einem größeren Maßstabe (Abb. 109); dadurch findet man $x = 37^0 45'$ oder in Bogenmaß 0,659.
Durch wiederholte Vergrößerung des Schnittpunktgebietes

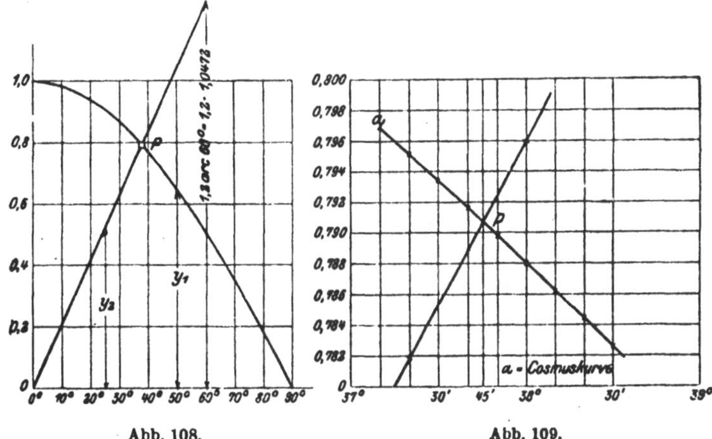

Abb. 108.Abb. 109.

kann man jede beliebige Genauigkeit erreichen; die Kurven
müssen nur in der Nähe des Schnittpunktes exakt gezeichnet werden.

Weitere Beispiele:

1. $\operatorname{tg} x = 0{,}5 \cos x + x$ $x = (\sim 50^0) = 0{,}873$.
2. $\sin \alpha - 1{,}5 + 1{,}8\,\alpha = 0$ $\alpha = (31^0 15') = 0{,}545$.
3. $\operatorname{tg} x = x$ $x = (257^0 27') = 4{,}4934$
                               (außer $x = 0$).

4. $\dfrac{\pi}{2} + \sin \alpha - \alpha = 0$.   (Siehe Aufgabe 5, § 9).

§ 17. Die Sinuskurve.

Die Konstruktion der Kurve wurde schon in § 7, Abb. 65 behandelt. In diesem Paragraphen soll diese Kurve, die in der Tech-
nik eine wichtige Rolle spielt, eingehender besprochen werden.

Ein Vektor $MP = A$ (Abb. 110) drehe sich in positivem
Sinne mit konstanter Geschwindigkeit um den Punkt M. Nach
einer bestimmten Zeit t (in Sekunden gemessen) möge er sich aus
der Anfangsstellung MO um den Winkel α in die Lage MP gedreht haben. α ist mit der Zeit veränderlich, also eine Funktion
der Zeit. Da der Vektor in gleichen Zeiten gleiche Winkel überstreicht, so ist α der Zeit proportional. Wir setzen also

$$\alpha = \omega \cdot t, \tag{1}$$

worin ω den Proportionalitätsfaktor bedeutet. Wir messen α in Bogenmaß (§ 6, Aufgabe 57). Nach Verlauf einer Sekunde ist nach (I) $\alpha = \omega \cdot 1 = \omega$. Es ist demnach ω der Bogen des Einheitskreises, der von dem Vektor in einer Sekunde überstrichen wird. Mann nennt ω die Winkelgeschwindig-

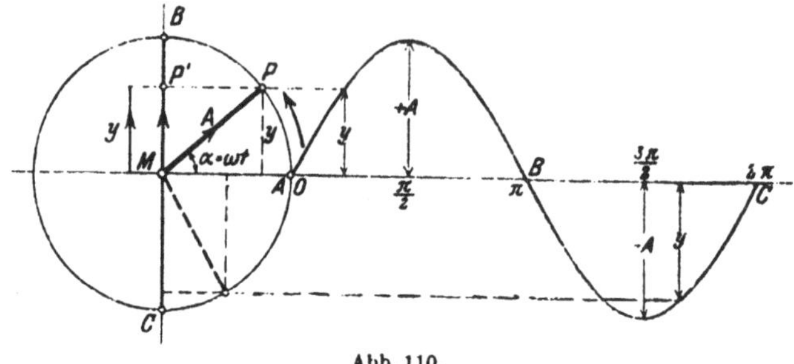

Abb. 110.

keit. Gleichung (1) sagt demnach aus: Überstreicht der Vektor in einer Sekunde den Bogen ω, so dreht er sich in t Sekunden um den Winkel ωt.

Übungen.

1. Wie groß ist ω, wenn der Vektor in einer Sekunde 0,2; 0,5; 1; 25; n Umdrehungen macht? — Ergebnisse: $\omega = 1,26$; 3,14; 6,28; 157,1; $n \cdot 2\pi$ pro Sekunde.

2. Ein Vektor hat die Winkelgeschwindigkeit $\omega = 2$ pro Sekunde. In welcher Zeit überstreicht er einen Bogen mit dem Mittelpunktswinkel 30^0; 60^0; 90^0; 360^0? Ergebnisse: 30^0 entspricht dem Bogen $\frac{\pi}{6}$; nach (1) ist daher $\frac{\pi}{6} = 2 \cdot t$, somit $t = 0,2618$ Sekunden. Für die übrigen Winkel erhält man 0,524; 0,785; 3,14 Sekunden.

3. Die Winkelgeschwindigkeit sei ω. In welcher Zeit macht der Vektor eine volle Umdrehung; Antwort: $\frac{2\pi}{\omega}$.

Der Abstand y des Punktes P von dem horizontalen Durchmesser des Kreises kann für jeden beliebigen Winkel α oder für jede beliebige Zeit t aus der Gleichung:

$$y = A \cdot \sin \alpha = A \cdot \sin(\omega t) \tag{2}$$

berechnet werden. Der größte Abstand y wird für $\alpha^0 = 90^0$ und 270^0 oder $\alpha = \frac{\pi}{2}$ und $\frac{3\pi}{2}$ erhalten. Für $\frac{\pi}{2}$ wird $y = +A$, für

$\frac{3\pi}{2}$ wird $y = -A$; also in jedem Falle gleich dem Halbmesser des Kreises, auf dem sich P bewegt. Für die Winkel

$$a = 0; \ \pi, \ 2\pi \ \text{wird} \ y = 0.$$

Wir stellen nun den Zusammenhang zwischen dem Winkel α und dem Abstand y in einem Koordinatensystem zeichnerisch dar. O sei der Koordinatenanfangspunkt; die von O nach rechts gehende Gerade sei die positive Abszissenachse. Auf ihr tragen wir den Winkel, senkrecht dazu die Größen y ab, die wir entweder aus (2) berechnen oder dem Kreise links entnehmen. Wenn wir α in Bogenmaß messen, sollten wir die horizontale Strecke OC gleich dem Umfange des Einheitskreises, gleich 2π, machen. Man kann aber auch irgendeine Strecke der Größe 2π oder 360^0 entsprechen lassen; es bedeutet dies einfach, daß man die Abszissen und Ordinaten mit verschiedenen Längeneinheiten mißt. Der Mittelpunkt der Strecke OC entspricht dann dem Winkel π oder 180^0 usf. Verbindet man die Endpunkte der Ordinaten durch einen ununterbrochenen Linienzug, so erhält man eine **Sinuswelle**. Sie ist die zeichnerische Darstellung der Gleichung (2) oder (2) ist die Gleichung der Sinuswelle. Die Ordinate y eines beliebigen Punktes auf der Kurve liefert den Abstand y, der zu dem durch die Abszisse gemessenen Winkel gehört. Die Kurve besteht aus einem **Wellenberg** und einem **Wellental**, beide zusammen bilden eine vollständige Welle. Der horizontale Abstand OC heißt die **Wellenlänge**. A heißt der **Scheitelwert**. Wenn der Vektor mehrere Umdrehungen ausführt, so würden sich rechts an den Punkt C weitere Wellen anschließen, die wir aber nicht weiter beachten, da sie der ersten Welle kongruent sind.

Man kann die Sinuskurve auch noch mit der Bewegung eines andern Punktes in Beziehung bringen. Wir projizieren den Punkt P auf dem Kreise in jeder Lage auf den lotrechten Durchmesser BC. Die Projektion heißt P'. Wir verfolgen nun die Bewegung des Punktes P'. Während sich P von O aus auf dem Kreise einmal ringsherum bewegt, wandert P' auf dem Durchmesser BC von M aus nach B hinauf, von da wieder zurück durch M hindurch nach C hinunter und schließlich wieder nach M zurück. Man sagt, P' führe eine **einfache harmonische Schwingung** aus. Obwohl sich P auf dem Kreise gleichförmig bewegt, ist die Bewegung des Punktes P' keine gleichförmige. P' geht mit der größten Geschwindigkeit durch M hindurch, verzögert seine Geschwindigkeit gegen B oder C hin und kehrt in B und C, den beiden Totlagen, seine Bewegungsrichtung um. P' bewegt sich ungefähr so wie der Kolben einer Dampfmaschine.

Die gezeichnete Sinuskurve kann nun auch als zeichnerische Darstellung der schwingenden Bewegung des Punktes P' betrachtet werden. P und P' haben jederzeit den gleichen Abstand y von dem horizontalen Durchmesser des Kreises. Die Strecke OC auf der Abszissenachse können wir jetzt der Zeit t einer vollen Schwingung, der Schwingungsdauer, entsprechen lassen. Wir tragen also jetzt als Abszisse die Zeit t und nicht, wie vorher, den Winkel ab. Nach diesen Erklärungen ist es wohl verständlich, warum man die Ordinaten $+ A$ und $- A$ der Kurve auch den Schwingungsausschlag oder die Amplitude nennt.

Sowohl die Drehung des Vektors um M, als die Schwingung des Punktes P' sind periodische Erscheinungen, d. h. in jedem folgenden Zeitabschnitt, der gleich der Schwingungsdauer ist, spielt sich derselbe Vorgang in gleicher Weise wie im vorhergehenden ab. Diese Periodizität zeigt sich auch in der Gleichung (2), indem für jeden Winkel α

$$y = A \sin (\alpha + 2\,\pi) = A \sin \alpha$$

ist. Wird t als Veränderliche aufgefaßt, so ist

$$y = A \cdot \sin \left[\omega \left(t + \frac{2\,\pi}{\omega} \right) \right] = A \sin (\omega t + 2\,\pi) = A \sin (\omega t).$$

Man nennt $2\,\pi$ die Periode, beziehungsweise $\dfrac{2\,\pi}{\omega}$ die Zeit T einer Periode.

Wir wollen nun nach diesen allgemeinen Betrachtungen die

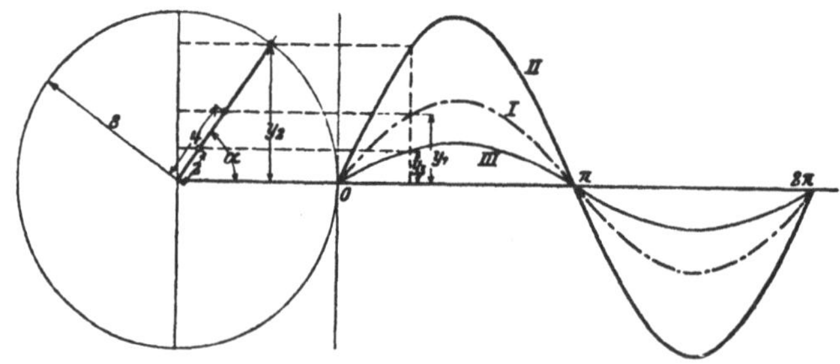

Abb. 111.

Größen A und ω der Gleichung (2) bestimmten Veränderungen unterwerfen und dabei zusehen, wie sich die Sinuswellen verändern.

a) Verschiedene Amplituden. In Abb. 111 sind in verkleinertem Maßstabe drei Sinuswellen I, II, III gezeichnet, die den Gleichungen

$$y_1 = 4 \sin \alpha = 4 \sin (\omega t) \ . \ . \ \ I$$
$$y_2 = 8 \sin \alpha = 8 \sin (\omega t) \ . \ . \ \ II$$
$$y_3 = 2 \sin \alpha = 2 \sin (\omega t) \ . \ . \ \ III$$

entsprechen. Die Wellen haben die gleiche horizontale Länge, aber verschiedene Amplituden. Je größer die Amplitude, desto höher ist die Welle. In jedem Augenblicke, für jeden Winkel ist

$$y_1 = 0{,}5 \, y_2 = 2 \, y_3.$$

II kann aus *I* durch Verdoppelung der Ordinaten, *III* aus *I* durch Halbierung der Ordinaten erhalten werden. Vergrößert (oder verkleinert) man die sämtlichen Ordinaten einer Sinuswelle im gleichen Maßstabe, so liegen die Endpunkte der neuen Ordinaten wieder auf einer Sinuswelle. Ersetzt man jede Ordinate der Kurve $y = A \cdot \sin \alpha$ durch ihren n-fachen Betrag, so hat die neue Kurve die Gleichung

$$y = nA \cdot \sin \alpha.$$

b) Verschiedene Wellenlängen (Perioden). In der Abb. 112 sind zwei Sinuswellen gezeichnet, die den Gleichungen

$$y_1 = 5 \sin \alpha = 5 \sin (\omega t) \ . \ . \ . \ . \ \ I$$
$$y_2 = 5 \sin 2 \alpha = 5 \sin (2 \omega t). \ . \ . \ \ II$$

entsprechen. Beide Kurven haben die nämliche Amplitude 5. Da sich aber der Vektor *II* (links in der Abbildung) mit der Winkel-

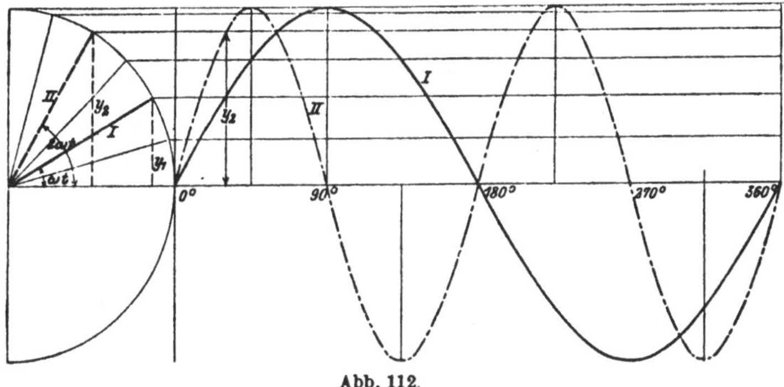

Abb. 112.

geschwindigkeit $\omega' = 2\,\omega$ dreht, also doppelt so rasch wie der Vektor *I*, so trifft es auf eine Wellenlänge von *I*, zwei Wellenlängen von *II*. $\sin \alpha$ hat die Periode $2\,\pi$, $\sin 2\,\alpha$ dagegen schon die Periode π; denn, wenn α um π vergrößert wird, so ist für jedes α: $y = 5 \cdot \sin 2 (\alpha + \pi) = 5 \sin (2\alpha + 2\pi) = 5 \sin 2\alpha$. Eine Kurve von der Gleichung

$$y = 5 \sin (n\,\alpha),$$

worin n eine ganze positive Zahl ist, besteht offenbar aus n Wellen, wenn α von 0 bis 2π zunimmt.

c) Horizontale Verschiebung einer Welle (Phasenverschiebung).
Die beiden Kurven der Abb. 113 entsprechen den Gleichungen:

$$y_1 = 5 \sin \alpha = 5 \sin (\omega t) \;.\;\;.\;.\;\;.\;.\;.\quad I$$
$$y_2 = 5 \sin (\alpha + \varphi) = 5 \sin (\omega t + \varphi) \;.\quad II.$$

φ bedeutet einen fest gewählten, konstanten Winkel; für die Kurve II ist $\varphi = \pi : 6\ (30^0)$ gewählt. Beide Kurven haben die

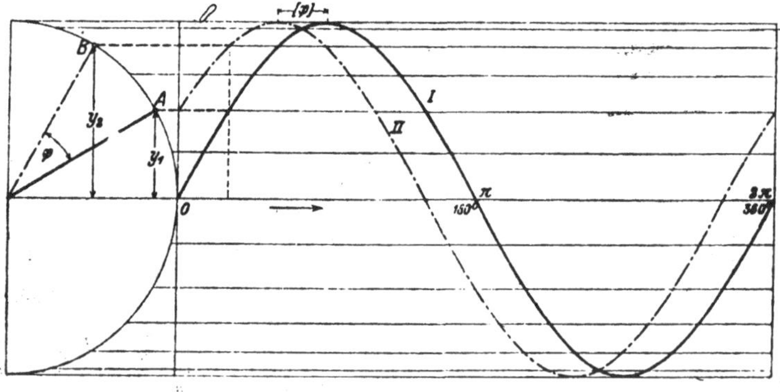

Abb. 113.

gleiche Amplitude und die gleiche Wellenlänge. Aber während für $\alpha = 0$, $y_1 = 0$ wird, hat y_2 den Anfangswert $5 \sin 30^0 = 2,5$. Wenn wir an irgendeiner Stelle der Abszissenachse ein Lot errichten und mit den beiden Kurven zum Schnitt bringen, so hat y_2 einen Wert, den y_1 erst erreicht, wenn wir auf der Abszissenachse um eine Strecke, die dem Winkel φ entspricht, weiter schreiten. Die Kurve II kann aus der Kurve I durch Verschieben nach links erhalten werden. Der Punkt B auf dem Kreise ist dem Punkte A immer um den Winkel φ voraus. Man nennt φ den **Voreilwinkel** oder die **Phasenverschiebung**.

Hat φ den besondern Wert $\varphi = \dfrac{\pi}{2}\ (90^0)$, so wird

$$y_2 = 5 \sin \left(\alpha + \frac{\pi}{2}\right) = 5 \cdot \cos \alpha, \text{ d. h.}$$

die Kosinuskurve ist eine Sinuskurve mit der Phasenverschiebung $\pi : 2$. (Siehe Abb. 65.)

Wir fassen die Ergebnisse von a, b und c zusammen:
Jeder Gleichung von der Form

$$y = A \cdot \sin (\omega t + \varphi)$$

entspricht graphisch eine Sinuswelle. Es bewirkt eine
Veränderung

1. von A nur eine Veränderung der Wellenhöhe,

2. von ω nur eine Veränderung der Wellenlänge,

3. von φ nur eine horizontale Verschiebung der
Welle.

Übungen.

Jede der folgenden Kurven möge auf Millimeterpapier gezeichnet
werden. Auf der Abszissenachse lasse man einem Winkel von 20^0 eine
Strecke von 1 cm entsprechen. Für die Ordinaten sei 1 cm die Einheit.
Zur Bestimmung der Funktionswerte y kann die Tabelle oder auch ein
Kreis benutzt werden. In jeder Gleichung möge α von 0^0 bis 360^0 wachsen.
Die Kurven, die den in einer Nummer vereinigten Gleichungen entsprechen,
sollen auf dem gleichen Blatt Papier, im gleichen Koordinatensystem ge-
zeichnet werden.

1. $y = 4 \sin \alpha,$ $y = 8 \sin \alpha,$ $y = \sin \alpha.$
2. $y = 4 \sin \alpha,$ $y = 4 \sin 3\alpha,$ $y = 4 \sin (0,5\alpha).$
3. $y = 4 \sin \alpha,$ $y = 4 \sin (\alpha + 45^0),$ $y = 4 \sin (\alpha + 180^0).$
4. $y = 4 \sin \alpha,$ $y = 4 \sin (\alpha + 120^0),$ $y = 4 \sin (\alpha + 240^0).$
5. $y = 5 \cos (\alpha - 45^0),$ $y = 5 \sin (\alpha + 45^0),$ $y = 5 \sin (2\alpha + 90^0).$
6. $y = 2 + 5 \sin \alpha,$ $y = 4 + 4 \cos \alpha,$ $y = 4 - \cos 2\alpha.$
7. Löse die Gleichung: $5 \sin \alpha = 5 \sin 2\alpha,$ oder

$$\sin \alpha = \sin 2\alpha,$$

d. h. bestimme die Abszissen x der Schnittpunkte der Kurven I und II der
Abb. 112.

Lösung: Es ist $\sin \alpha = 2 \sin \alpha \cdot \cos \alpha$, oder

$(2 \cos \alpha - 1) \sin \alpha = 0.$ Aus

$\sin \alpha = 0$ folgt $\alpha_1 = 0^0$; $\alpha_2 = 180^0$; $\alpha_3 = 360^0$. Aus

$2 \cos \alpha - 1 = 0$ folgt $\alpha_4 = 60^0$; $\alpha_5 = 360^0 - 60^0 = 300^0.$

8. Löse die Gleichung:

$$5 \sin \alpha = 5 \sin (\alpha + 30^0),$$

d. h. bestimme die Abszissen x der Schnittpunkte der Kurven I und II in
Abb. 113.

Lösung: Entwickelt man die rechte Seite nach $\sin (\alpha + \beta)$, dividiert
die Gleichung durch $\sin \alpha$, so erhält man

$\text{ctg } \alpha = 0,2680$; somit $\alpha_1 = 75^0$ und $\alpha_2 = 180^0 + \alpha_1.$

9. Ein Rad mit dem Halbmesser r dreht sich mit konstanter Winkelgeschwindigkeit ω um eine Achse X, die zu einer Ebene E parallel ist und verschiebt sich gleichzeitig mit konstanter Geschwindigkeit v_0 längs dieser Achse. Ein Punkt P (Abb. 114) auf dem Umfange wird in jeder Lage senkrecht auf die Ebene E nach P' projiziert. Die Kurve. die P' beschreibt ist eine Sinuskurve.

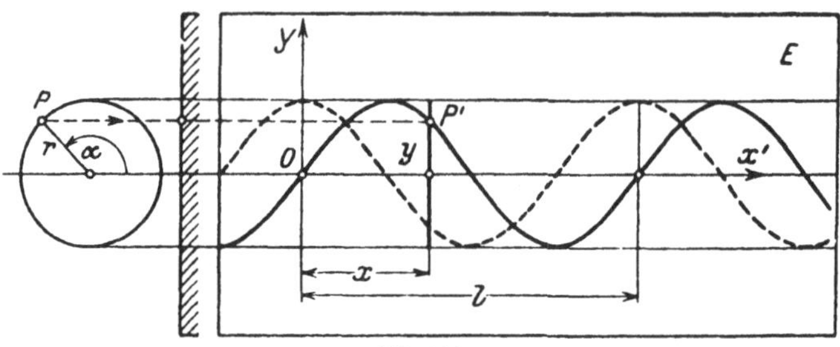

Abb. 114.

Wir legen durch einen Schnittpunkt O der Kurve mit der Achse X', (der Projektion der Achse X) ein rechtwinkliges Koordinatensystem. Zeige: Ist l die Wellenlänge, macht das Rad n Touren pro Sekunde, dann läßt sich die Ordinate y von P' in jedem Moment nach den folgenden Formeln berechnen:

$$y = r \cdot \sin\left(\frac{360^0}{l} \cdot x\right) \quad \text{oder} \quad y = r \cdot \sin\left(\frac{2\,\pi}{l} \cdot x\right)$$

$$y = r \cdot \sin(2\,\pi\,n\,t) \qquad y = r \cdot \sin\left(\frac{2\,\pi\,n}{v_0}\,x\right).$$

Beachte bei der Ableitung dieser Formeln:

$$v_0 = nl \quad \text{und} \quad x = v_0 t = nl \cdot t.$$

x = Abszisse von P'; t = Zahl der Sekunden.

Ist zur Zeit $t = 0$ der Winkel α nicht gleich 0^0, sondern etwa φ^0, so heißt die entsprechende Formel zur Berechnung der Ordinate y:

$$y = r \cdot \sin(2\,\pi n t + \widehat{\varphi}) \quad \text{oder}$$

$$y = r \cdot \sin(360^0\,n t + \varphi^0)$$

φ^0 heißt wie früher die Phasenverschiebung oder auch kurz Phase. Beachte die gestrichelte Kurve in der Abb. 114, die dem Winkel $\varphi^0 = 90^0$ entspricht.

Der Raumpunkt P beschreibt eine Schraubenlinie. Die Projektion dieser Kurve auf eine zur Schraubenachse parallele Ebene E ist demnach eine Sinuskurve. Die Wellenlänge l entspricht der Ganghöhe. (Beachte Abb. 26.)

10. Eine Sinuskurve hat eine Wellenlänge $l = 20$ cm und eine Amplitude $r = 6$ cm. Wie berechnet man zu jeder Abszisse x die zugehörige Ordinate y?

$$y = 6 \cdot \sin(18^0 \cdot x)$$

Für	$x = 2$	4	10	15
wird	$y = 3,53$	5,71	0	-6

11. Das Rad in der Abb. 114 hat einen Halbmesser $r = 5$ cm; es macht 3 Umdrehungen pro Sekunde und verschiebt sich längs der X-Achse mit einer Geschwindigkeit $v_0 = 10$ cm/sec. Welches sind die Koordinaten $(x; y)$ des Punktes P' nach 0,1; 0,2; 0,4; 0,6; 1; 2,4 sec?

$t = 0,1$	0,2	0,4	0,6	1	2,4 sec
$x = 1$	2	4	6	10	24 (cm)
$y = 4,76$	$-2,94$	4,76	$-4,76$	0	4,76 (cm)

die Wellenlänge l ist $3^1/_3$ cm.

12. Ein Punkt bewegt sich so in einer Ebene, daß seine Abstände $(x; y)$ von den Achsen eines Koordinatensystems gegeben sind durch eine Gruppe der folgenden Gleichungen.

a) $x = 5 \sin \alpha$
$\quad y = 3 \cos \alpha$

b) $x = 5 \sin \alpha$
$\quad y = -3 \sin \alpha$

c) $x = 5 \cdot \sin \alpha$
$\quad y = 5 \cdot \sin(\alpha + 30^0)$

d) $x = 5 \cdot \sin \cdot \alpha$
$\quad y = 5 \cdot \sin(2\alpha)$

e) $x = 5 \sin \alpha$
$\quad y = 5 \cos(2\alpha)$.

Zeichne die Bahnen dieser Punkte, indem man α verschiedene Werte von 0^0 bis 360^0 beilegt und die entsprechenden Koordinaten $(x; y)$ berechnet. (Zusammengesetzte Schwingungen.)

13. Zeichnung einer Sinuskurve[1]. Es seien ODR drei aufeinander folgende Wendepunkte einer Welle. Die Tangenten in diesen Punkten (die Wendetangenten) findet man wie folgt (Abb. 115). Mache

$$AC = \frac{\pi}{2} \cdot AB = \frac{\pi}{2} \cdot a = 1,57\,a \ (a = \text{Amplitude}); OC \text{ und } CD \text{ sind die Tan-}$$

genten. Den Krümmungskreis im Scheitel B, d. h. den Kreis, der am besten als Ersatz der Sinuskurve im Scheitel benutzt werden kann, findet man wie folgt: Ziehe im Scheitel B die Scheiteltangente, bringe sie in F zum Schnitt mit der Y-Achse; mache $FG = BE$; ziehe von G ein Lot auf die Wendetangente; dieses trifft die Verlängerung von AB in M_1. Dies ist der Mittelpunkt des ge-

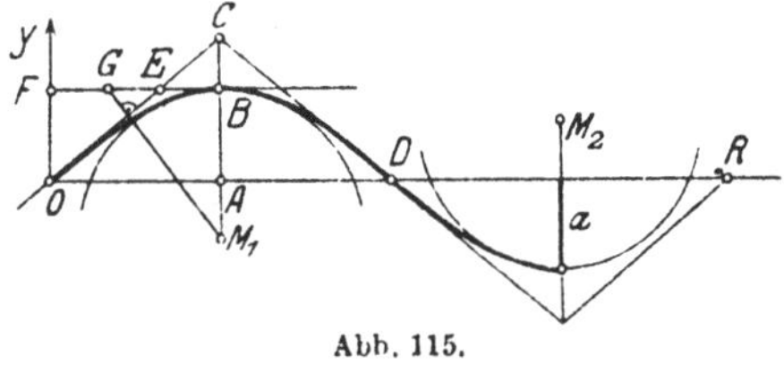

Abb. 115.

suchten Kreises; sein Halbmesser ist $M_1 B$. Mit Hilfe der Wendetangenten und der Krümmungskreise kann jede Sinuskurve leicht richtig skizziert werden.

---

[1] Die Konstruktion ist dem „Lehrbuch der Mathematik" von **Dr.** Georg Scheffers (2. Auflage S. 494. Leipzig: Ver 911) entnommen.

Wir wollen jetzt noch einige häufig auftretende Verbindungen mehrerer Sinuswellen besprechen.

1. Algebraische Summen von zwei oder mehreren Sinusfunktionen.

Es soll die Kurve

$$y = a \sin(\alpha + \varphi_1) + b \sin(\alpha + \varphi_2) \quad III \quad \ldots \ldots \quad (3)$$

gezeichnet werden. Die rechte Seite der Gleichung besteht aus der Summe der Einzelfunktionen

$$y_1 = a \sin(\alpha + \varphi_1) \quad . \; . \; II \; . \; . \; . \; . \; . \; . \quad (4)$$

$$y_2 = b \sin(\alpha + \varphi_2) \quad . \; . \; I \; . \; . \; . \; . \; . \quad (5)$$

Wir wählen, um ein Beispiel vor Augen zu haben, $a = 4$,

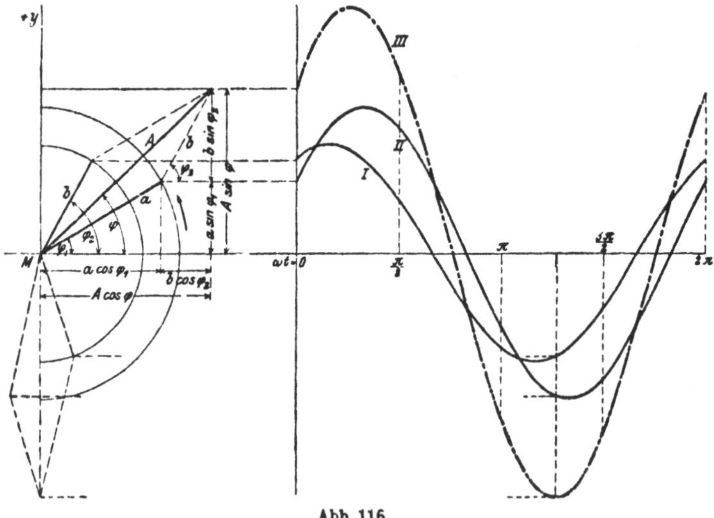

Abb. 116.

$b = 3$, $\varphi_1 = 30^0$, $\varphi_2 = 60^0$ (Abb. 116). Die Kurven I und II haben die gleiche Wellenlänge. Nach Gleichung (3) ist für jedes α

$$y = y_1 + y_2,$$

d. h. eine beliebige Ordinate der Kurve III ist gleich der algebraischen Summe der Ordinaten y_1 und y_2, die zum gleichen Winkel α gehören. Wir können III die „Summenkurve" nennen. Wie man zunächst aus der Abbildung erkennt, ist sie wieder eine Sinuskurve. Der rechnerische Beweis hierfür gestaltet sich so:

Wir setzen

$$a \sin (\alpha + \varphi_1) + b \sin (\alpha + \varphi_2) = A \sin (\alpha + \varphi) \qquad (6)$$

und zeigen, daß man A und φ tatsächlich so bestimmen kann, daß die Gleichung (6) für jeden Winkel α erfüllt ist. Nach der ersten Formel § 12 geht (6) über in

$$a \sin \alpha \cdot \cos \varphi_1 + a \cos \alpha \sin \varphi_1 + b \sin \alpha \cos \varphi_2 + b \cos \alpha \sin \varphi_2$$
$$= A \sin \alpha \cos \varphi + A \cos \alpha \sin \varphi,$$

oder

$$(a \cos \varphi_1 + b \cos \varphi_2) \sin \alpha + (a \sin \varphi_1 + b \sin \varphi_2) \cos \alpha$$
$$= A \cos \varphi \cdot \sin \alpha + A \sin \varphi \cdot \cos \alpha.$$

Sollen nun beide Seiten der Gleichung für jeden beliebigen Wert α genau die gleichen Werte ergeben, so müssen die entsprechenden Vorzahlen von $\sin \alpha$ bzw. $\cos \alpha$ auf beiden Seiten übereinstimmen. Das ist der Fall, wenn

$$A \sin \varphi = a \sin \varphi_1 + b \sin \varphi_2$$
$$A \cos \varphi = a \cos \varphi_1 + b \cos \varphi_2 \qquad (7)$$

gesetzt wird. Aus diesen Gleichungen (7) kann man A und φ berechnen. Durch Quadrieren und Addieren der Gleichungen (7) erhält man:

$$A = \sqrt{a^2 + b^2 + 2\,a\,b\,\cos (\varphi_2 - \varphi_1)}\,. \qquad (8)$$

Durch Division der Gleichungen (7) ergibt sich

$$\operatorname{tg} \varphi = \frac{a \sin \varphi_1 + b \sin \varphi_2}{a \cos \varphi_1 + b \cos \varphi_2}. \qquad (9)$$

Setzt man diese aus (8) und (9) berechneten Werte in (6) ein, so ist (6) für jeden Winkel α richtig, d. h. aber, auch die Summenkurve III ist eine Sinuswelle mit der Amplitude A und der Phasenverschiebung φ.

Wir erkennen:

Zwei (oder mehrere) Sinuswellen von verschiedener Amplitude und beliebigem Phasenunterschiede, aber von der gleichen Wellenlänge, lassen sich durch allgebraische Addition immer wieder zu einer Sinuswelle von der gleichen Wellenlänge zusammensetzen. Eine Übereinanderlagerung von Sinuswellen gleicher Wellenlänge gibt immer wieder eine Sinuswelle.

Die Gleichungen (6) bis (9) können unmittelbar der Abb. 116 entnommen werden. Die Abbildung zeigt die Vektoren a und b, die mit den Kurven II und I in Verbindung stehen, in ihrer Anfangsstellung. Sie schließen miteinander den Winkel $\varphi_2 - \varphi_1$ ein.

8*

Konstruiert man nun ein Parallelogramm mit a und b als Seiten, ist A die durch M gehende Eckenlinie, so ist A gerade der Vektor, durch dessen Drehung die Kurve *III*, also die Summenkurve, erzeugt werden kann. Die Gleichungen (7), (8) und (9) kann man ohne weiteres aus der Abbildung ablesen. Dreht sich das ganze Parallelogramm um einen beliebigen Winkel α um M, so ist die Projektion von A auf die Ordinatenachse gleich der Summe der Projektionen der beiden Vektoren a und b auf dieselbe Achse. Genau das sagt die Gleichung (6) aus. Der Vektor A der Summenkurve kann somit aus den Vektoren a und b der Einzelkurven genau wie die Resultierende zweier Kräfte gefunden werden. Es ist leicht einzusehen, daß dieses geometrische Verfahren auf mehr als zwei Einzelwellen ausgedehnt werden kann. Immer ist der Vektor der Summenkurve gleich der „geometrischen Summe" der Vektoren der Einzelwellen.

Ein häufig vorkommender Sonderfall entsteht, wenn in der Gleichung (6) $\varphi_1 = 0$ und $\varphi_2 = \dfrac{\pi}{2}$ gesetzt wird. Es ist dann

$$y = a \sin \alpha + b \cos \alpha = A \sin (\alpha + \varphi).$$

Nach (8) und (9) ist $A = \sqrt{a^2 + b^2}$ und $\operatorname{tg} \varphi = b : a$. Das sich drehende Parallelogramm ist ein Rechteck mit den Seiten a und b.

Übungen.

1. Zeichne die Kurve $y = 3 \sin \alpha + 4 \cos \alpha$. — Man zeichne zuerst die einzelnen Bestandteile $y_1 = 3 \sin \alpha$ (rot) und $y_2 = 4 \cos \alpha$ (blau) und addiere die Ordinaten. Die „Summenkurve" (schwarz) hat die Amplitude $A = \sqrt{3^2 + 4^2} = 5$ und die Phasenverschiebung $\varphi = 53^0 8'$ entsprechend $\operatorname{tg} \varphi = 4 : 3$. Man konstruiere die Kurve auch mit Hilfe des Vektordiagramms.

2. Zeichne $y = 3 \sin \alpha - 4 \cos \alpha$.

3. $y = 3 \cos \alpha + 4 \sin (\alpha + 30^0)$, $A = 6{,}08$; $\varphi = 55^0 18'$.

4. Berechne A und φ der Kurve III (Abb. 116) aus

$$\begin{aligned} y_1 &= 4 \sin (\alpha + 30^0), \\ y_2 &= 3 \sin (\alpha + 60^0), \end{aligned} \qquad A = 6{,}77; \quad \varphi = 43^0 16'.$$

5. Zeichne $y = 5 \sin (\alpha + 120^0) + \cos \alpha$.

6. Beweise: Für $y = a \sin \alpha - b \sin (\alpha + 120^0)$ kann

$$y = \sqrt{a^2 + b^2 + ab} \cdot \sin (\alpha - \varphi) \text{ geschrieben werden;}$$

φ wird aus der Gleichung $\operatorname{tg} \varphi = \dfrac{b \sqrt{3}}{2a + b}$ berechnet. — Ist $a = b$, so ist $y = a \sin \alpha - a \sin (\alpha + 120^0) = a \sqrt{3} \cdot \sin (\alpha - 30^0)$.

7. Zeige mit Hilfe des Vektordiagramms oder direkt durch Rechnung, daß für jeden Wert α die Summe

$$y = a \sin \alpha + a \sin (\alpha + 120^0) + a \sin (\alpha + 240^0)$$

gleich Null ist. Die Summenkurve ist also eine gerade Linie, eine Sinuswelle von der Amplitude 0.

8. Löse die Gleichung; $4 \sin (\alpha + 30^0) = 3 \sin (\alpha + 60^0)$ d. h. bestimme die Abszissen der Schnittpunkte der Kurven I und II in Abb. 116. — Entwickelt man die beiden Seiten nach $\sin (\alpha + \beta)$, so findet man $\operatorname{tg} \alpha = 0{,}3045$ und daraus $\alpha_1 = 16^0 56'$ und $\alpha_2 = 180^0 + \alpha_1$.

9. Haben die Sinusfunktionen ungleiche Perioden, die Wellen also ungleiche Längen, so ist die Summenkurve keine Sinuswelle mehr. In Abb. 117 ist die Kurve

$$y = 5 \sin \alpha + 2 \sin 3\alpha \quad . \; . \; . \quad \text{III}$$

gezeichnet. I entspricht der Gleichung

$$y_1 = 5 \sin \alpha \; . \; . \; . \; . \; . \; . \; . \quad \text{I}$$

und II der Gleichung

$$y_2 = 2 \sin 3\alpha \; . \; . \; . \; . \; . \; . \quad \text{II.}$$

Für jedes α ist $y = y_1 + y_2$. Die Kurve III ist wieder das Bild einer periodischen Funktion. Die Periode von III stimmt in unserem Bei-

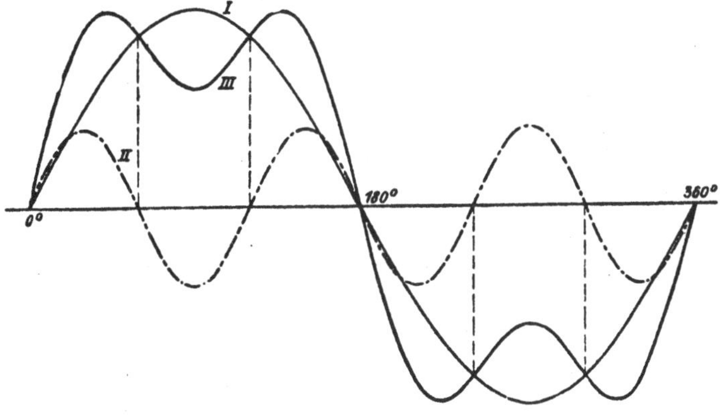

Abb. 117.

spiel mit der von I überein. In der Theorie der „Fourierschen Reihen" wird gezeigt, wie man jede beliebige periodische Wellenform durch eine Reihe von Sinus- und Kosinusgliedern mit jeder wünschbaren Genauigkeit darstellen kann.

10. Zeichne: $y = 5 \cos \alpha + 2 \sin 3\alpha$.

11. Ebenso: $y = 5 \sin (2\alpha) + 5 \sin (3\alpha)$.

12. Löse die Gleichung

$$5 \sin \alpha = 2 \sin (3\alpha), \text{ d. h.}$$

bestimme die Abszissen der Schnittpunkte der Kurven I und II in Abb. 117.
— Nach § 14 Aufgabe 12 ist $\sin 3\alpha = 3\sin\alpha - 4\sin^3\alpha$, somit ist

$$5\sin\alpha = 6\sin\alpha - 8\sin^3\alpha \quad \text{oder}$$

$$8\sin^3\alpha - \sin\alpha = \sin\alpha\,(8\sin^2\alpha - 1) = 0.$$

Aus $\sin\alpha = 0$ folgt $\alpha_1 = 0^0$; $\alpha_2 = 180^0$. Aus $8\sin^2\alpha - 1 = 0$ folgt
$\sin\alpha = \pm\,0{,}3535$. Der positive Wert gibt $\alpha_3 = 20^0 42'$; $\alpha_4 = 180^0 - \alpha_3$;
der negative liefert $\alpha_5 = 180^0 + \alpha_3$; $\alpha_6 = 360^0 - \alpha_3$.

2. Produkte von Sinusfunktionen mit gleicher Periode.

Es soll die Kurve gezeichnet werden, die der Gleichung

$$y = a\cdot\sin(\alpha + \varphi_1)\cdot b\sin(\alpha + \varphi_2) \quad . \ . \ (III) \qquad (10)$$

entspricht. Die rechte Seite ist das Produkt von

$$y_1 = a\sin(\alpha + \varphi_1) \ . \ \ . \ \ . \ \ . \ (I)$$

$$\text{und } y_2 = b\sin(\alpha + \varphi_2) \ . \ \ . \ \ . \ \ . \ (II).$$

Es ist also $\qquad y = y_1\cdot y_2$.

Die Kurven I und II haben die gleiche Wellenlänge, aber verschiedene Amplituden. Die Phasenunterschiede gegenüber einer
normalen Sinuswelle sind φ_1 und φ_2. Nach der Gleichung $y = y_1\cdot y_2$
erhält man irgendeine Ordinate y der Kurve III, wenn man die
entsprechenden, d. h. zur gleichen Abszisse α gehörigen Ordinaten
y_1 und y_2 der Kurven I und II miteinander multipliziert. Die
Kurve III wird, wie man leicht einsehen kann, wieder eine Sinuskurve; denn wenden wir auf Gleichung (10) die dritte Formel
in Übungsbeispiel 7 § 15 an, so erhalten wir

$$y = \frac{c\,b}{2}\cos(\varphi_1 - \varphi_2) - \frac{ab}{2}\cos(2\alpha + \varphi_1 + \varphi_2). \qquad (11)$$

Setzen wir schließlich für den konstanten Wert $\dfrac{a\,b}{2}\cos(\varphi_1 - \varphi_2)$
den Buchstaben k und beachten, daß

$$-\frac{ab}{2}\cos(2\alpha + \varphi_1 + \varphi_2) = \frac{ab}{2}\sin\left(2\alpha + \varphi_1 + \varphi_2 - \frac{\pi}{2}\right)$$

ist, so können wir Gleichung (10) und (11) in die Form bringen:

$$y = a\sin(\alpha + \varphi_1)\cdot b\sin(\alpha + \varphi_2)$$

$$= k + \frac{a\,b}{2}\sin\left(2\alpha + \varphi_1 + \varphi_2 - \frac{\pi}{2}\right). \qquad (12)$$

Diese Gleichung sagt aus: Stellt man das Produkt zweier Sinusfunktionen von gleicher Periode graphisch dar, so erhält man eine Sinuskurve von der halben Wellenlänge der Kurven, welche den einzelnen Funktionen entsprechen. Diese „Produktkurve" ist nach (12) um den Betrag $k = \dfrac{ab}{2}\cos(\varphi_1 - \varphi_2)$ in vertikaler Richtung verschoben; ihre Amplitude ist $\dfrac{ab}{2}$ und ihre horizontale Verschiebung, gegenüber einer Kurve von der Gleichung $y = \dfrac{ab}{2}\sin 2\alpha$, ist gleich einer Strecke, die dem Werte $\varphi_1 + \varphi_2 - \dfrac{\pi}{2}$ entspricht.

Übungen.

1. Zeichne die Kurve, die der Gleichung $y = \cos^2\alpha = \cos^2(\omega t)$ entspricht.

$$\text{Da} \qquad 2\cos^2\alpha = 1 + \cos 2\alpha,$$

$$\text{ist} \qquad \cos^2\alpha = \frac{1}{2} + \frac{1}{2}\cos 2\alpha \text{ oder auch}$$

$$y = \cos^2(\omega t) = \frac{1}{2} + \frac{1}{2}\cos(2\omega t).$$

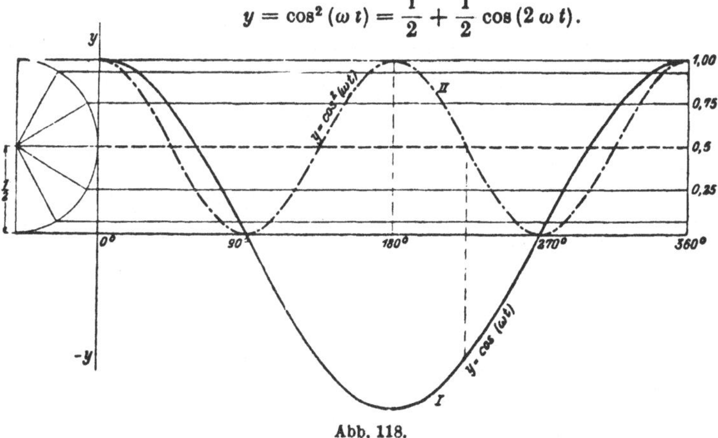

Abb. 118.

Die Kurven sind in Abb. 118 gezeichnet. Dabei ist die Amplitude 1 gegenüber den früheren Abbildungen stark vergrößert. Die „Kosinus-Quadrat"kurve liegt vollständig oberhalb der Abszissenachse, da das Quadrat einer positiven oder negativen Zahl ja immer positiv ist.

Die Gleichung $y = \cos^2\alpha = \dfrac{1}{2} + \dfrac{1}{2}\cos 2\alpha$ geht aus der Gleichung (12) hervor, wenn man $\varphi_1 = \varphi_2 = \dfrac{\pi}{2}$ und $a = b = 1$ setzt.

2. Zeichne ebenso $y = \sin^2 \alpha$.

3. Zeichne $y_1 = \cos^2 \alpha$ und $y_2 = \sin^2 \alpha$ und bilde die Kurven

$$y = y_1 + y_2 \;(= 1)$$
$$y = y_1 - y_2 \;(= \cos 2\,\alpha).$$

4. Zeichne $y_1 = 2 \sin \alpha$ und $y_2 = \cos \alpha$ und konstruiere die Kurve

$$y = y_1 \cdot y_2 \;(= \sin 2\,\alpha).$$

5. Zeige durch Rechnung und an Hand von Kurven, daß die Summe $y = y_1 + y_2 + y_3$ der drei Funktionen

$$y_1 = \sin \alpha \cdot \sin (\alpha - \varphi)$$
$$y_2 = \sin (\alpha + 120^0) \cdot \sin (\alpha - \varphi + 120^0)$$
$$y_3 = \sin (\alpha + 240^0) \cdot \sin (\alpha - \varphi + 240^0)$$

den konstanten Wert $y = \dfrac{3}{2} \cos \varphi$ ergibt. Die „Summenkurve" ist also eine gerade Linie.

6. Berechne die Winkel α, für welche die Gleichung

$$\cos \alpha = \cos^2 \alpha$$

erfüllt ist. (Abb. 118.)

Lösung: Es ist $\qquad \cos^2 \alpha - \cos \alpha = 0 \qquad$ oder

$$\cos \alpha \,(1 - \cos \alpha) = 0.$$

Aus $\qquad \cos \alpha = 0$ folgt $\alpha_1 = 90^0;\; \alpha_2 = 270^0.$

„ $\quad 1 - \cos \alpha = 0 \quad$ „ $\quad \alpha_3 = 0 \;\; ;\, \alpha_4 = 360^0.$

An dieser Stelle können nun die Gleichungen in § 16 behandelt werden, unter Berücksichtigung der zeichnerischen Darstellung der Sinus- und Kosinusfunktionen. Oft muß dabei auch die Tangens- und Kotangenskurve verwertet werden.

Zum Schlusse soll noch gezeigt werden, in welchem Zusammenhang die Sinuskurve mit der Mantelfläche eines Zylinderhufes steht. Links in Abb. 119 ist ein Zylinderhuf gezeichnet. Die Grundfläche ist ein Halbkreis, die Mantellinien stehen senkrecht zur Grundfläche. Die längste Mantellinie hat die Länge a. Die Kurve in der Ebene EGD ist eine halbe Ellipse; diese Ebene schließt mit der Grundfläche den Winkel α ein. Ist nun $y = BC$ eine beliebige Mantellinie, so folgt aus der Abbildung

$$y = BH \cdot \mathrm{tg}\,\alpha; \text{ aber } BH = r \cdot \sin \varphi, \text{ somit ist}$$

$$y = r \sin \varphi \cdot \mathrm{tg}\,\alpha = r \cdot \mathrm{tg}\,\alpha \cdot \sin \varphi, \text{ oder da } r \cdot \mathrm{tg}\,\alpha = a \text{ ist}$$

$$y = a \sin \varphi. \tag{14}$$

Bedeutet x den Bogen BD, der auf dem Grundkreise zum Mittelpunktswinkel φ gehört, so ist das Bogenmaß von $\varphi = x : r$ und Gleichung (14) geht über in

$$y = a \sin \frac{x}{r}. \tag{15}$$

Breitet man die Mantelfläche in eine Ebene aus, wie dies rechts in Abb. 119 geschehen ist, dann wird die Strecke DE' gleich der Länge des Halbkreises, der Bogen x geht über in die Strecke x, und die Mantellinie y wird zur Ordinate y der abgewickelten Kurve. Jede dieser Ordinaten läßt

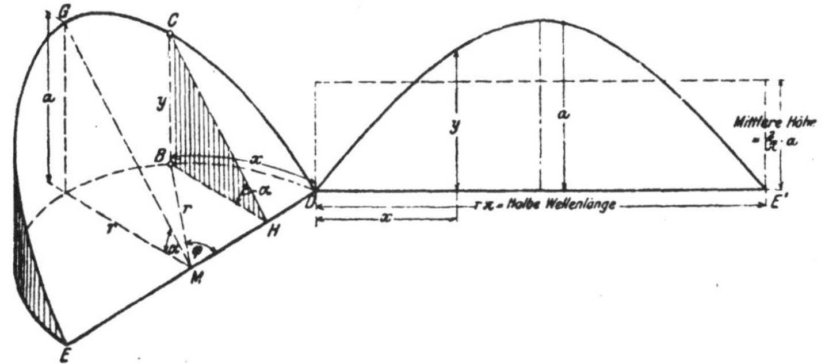

Abb. 119.

sich aus Gleichung (15) berechnen, **somit ist die Abwicklung der Ellipse eine Sinuskurve von der Amplitude a.**

Die Fläche zwischen einem Wellenberg und der Abszissenachse ist gleich der Mantelfläche des Zylinderhufes; diese ist, wie in der Stereometrie gezeigt wird, gegeben durch $F = 2\,ra$. Nun ist $r = DE' : \pi$; somit ist

$$F = \frac{2}{\pi} \cdot a \cdot DE' = 0{,}6366 \cdot \text{Amplitude} \times \text{halbe Wellenlänge.}$$

F ist demnach nur wenig kleiner als die Fläche eines Parabelsegmentes mit der Sehne DE' und der Höhe a. Die mittlere Höhe der Fläche F ist $2\,a : \pi$.

 # Tabelle der trigonometrischen Werte.

Sinus.

Grad	0' 10' 20'	30'	40' 50' 60'		Mittlere Tafel-differenz
0	0, 0000 0029 0058	0087	0116 0145 0175	89	29
1	0175 0204 0233	0262	0291 0320 0349	88	29
2	0349 0378 0407	0436	0465 0494 0523	87	29
3	0523 0552 0581	0610	0640 0669 0698	86	29
4	0698 0727 0756	0785	0814 0843 0872	85	29
5	0, 0872 0901 0929	0958	0987 1016 1045	84	29
6	1045 1074 1103	1132	1161 1190 1219	83	29
7	1219 1248 1276	1305	1334 1363 1392	82	29
8	1392 1421 1449	1478	1507 1536 1564	81	29
9	1564 1593 1622	1650	1679 1708 1736	80	29
10	0, 1736 1765 1794	1822	1851 1880 1908	79	29
11	1908 1937 1965	1994	2022 2051 2079	78	28
12	2079 2108 2136	2164	2193 2221 2250	77	28
13	2250 2278 2306	2334	2363 2391 2419	76	28
14	2419 2447 2476	2504	2522 2560 2588	75	28
15	0, 2588 2616 2644	2672	2700 2728 2756	74	28
16	2756 2784 2812	2840	2868 2896 2924	73	28
17	2924 2952 2979	3007	3035 3062 3090	72	28
18	3090 3118 3145	3173	3201 3228 3256	71	28
19	3256 3283 3311	3338	3365 3393 3420	70	27
20	0, 3420 3448 3475	3502	3529 3557 3584	69	27
21	3584 3611 3638	3665	3692 3719 3746	68	27
22	3746 3773 3800	3827	3854 3881 3907	67	27
23	3907 3934 3961	3987	4014 4041 4067	66	27
24	4067 4094 4120	4147	4173 4200 4226	65	26
25	0, 4226 4253 4279	4305	4331 4358 4384	64	26
26	4384 4410 4436	4462	4488 4514 4540	63	26
27	4540 4566 4592	4617	4643 4669 4695	62	26
28	4695 4720 4746	4772	4797 4823 4848	61	26
29	4848 4874 4899	4924	4950 4975 5000	60	25
30	0, 5000 5025 5050	5075	5100 5125 5150	59	25
31	5150 5175 5200	5225	5250 5275 5299	58	25
32	5299 5324 5348	5373	5398 5422 5446	57	24
33	5446 5471 5495	5519	5544 5568 5592	56	24
34	5592 5616 5640	5664	5688 5712 5736	55	24
35	0, 5736 5760 5783	5807	5831 5854 5878	54	24
36	5878 5901 5925	5948	5972 5995 6018	53	23
37	6018 6041 6065	6088	6111 6134 6157	52	23
38	6157 6180 6202	6225	6248 6271 6293	51	23
39	6293 6316 6338	6361	6383 6406 6428	50	22
40	0, 6428 6450 6472	6494	6517 6539 6561	49	22
41	6561 6583 6604	6626	6648 6670 6691	48	22
42	6691 6713 6734	6756	6777 6799 6820	47	22
43	6820 6841 6862	6884	6905 6926 6947	46	21
44	6947 6967 6988	7009	7030 7050 7071	45	21
45	0, 7071				
	60' 50' 40'	30'	20' 10' 0'	Grad	Mittlere Tafel-differenz

Cosinus.

Grad	0'	10'	20'	30'	40'	50'	60'		Mittlere Tafel-differenz
45	0, 7071	7092	7112	7133	7153	7173	7193	44	20
46	7193	7214	7234	7254	7274	7294	7314	43	20
47	7314	7333	7353	7373	7392	7412	7431	42	20
48	7431	7451	7470	7490	7509	7528	7547	41	19
49	7547	7566	7585	7604	7623	7642	7660	**40**	19
50	0, 7660	7679	7698	7716	7735	7753	7771	39	18
51	7771	7790	7808	7826	7844	7862	7880	38	18
52	7880	7898	7916	7934	7951	7969	7986	37	18
53	7986	8004	8021	8039	8056	8073	8090	36	17
54	8090	8107	8124	8141	8158	8175	8192	**35**	17
55	0, 8192	8208	8225	8241	8258	8274	8290	34	16
56	8290	8307	8323	8339	8355	8371	8387	33	16
57	8387	8403	8418	8434	8450	8465	8480	32	16
58	8480	8496	8511	8526	8542	8557	8572	31	15
59	8572	8587	8601	8616	8631	8646	8660	**30**	15
60	0, 8660	8675	8689	8704	8718	8732	8746	29	14
61	8746	8760	8774	8788	8802	8816	8829	28	14
62	8829	8843	8857	8870	8884	8897	8910	27	14
63	8910	8923	8936	8949	8962	8975	8988	26	13
64	8988	9001	9013	9026	9038	9051	9063	**25**	12
65	0, 9063	9075	9088	9100	9112	9124	9135	24	12
66	9135	9147	9159	9171	9182	9194	9205	23	12
67	9205	9216	9228	9239	9250	9261	9272	22	11
68	9272	9283	9293	9304	9315	9325	9336	21	11
69	9336	9346	9356	9367	9377	9387	9397	**20**	10
70	0, 9397	9407	9417	9426	9436	9446	9455	19	10
71	9455	9465	9474	9483	9492	9502	9511	18	9
72	9511	9520	9528	9537	9546	9555	9563	17	9
73	9563	9572	9580	9588	9596	9605	9613	16	8
74	9613	9621	9628	9636	9644	9652	9659	**15**	8
75	0, 9659	9667	9674	9681	9689	9696	9703	14	7
76	9703	9710	9717	9724	9730	9737	9744	13	7
77	9744	9750	9757	9763	9769	9775	9781	12	6
78	9781	9787	9793	9799	9805	9811	9816	11	6
79	9816	9822	9827	9833	9838	9843	9848	**10**	5
80	0, 9848	9853	9858	9863	9868	9872	9877	9	5
81	9877	9881	9886	9890	9894	9899	9903	8	4
82	9903	9907	9911	9914	9918	9922	9925	7	4
83	9925	9929	9932	9936	9939	9942	9945	6	3
84	9945	9948	9951	9954	9957	9959	9962	5	2
85	0, 9962	9964	9967	9969	9971	9974	9976	4	2
86	9976	9978	9980	9981	9983	9985	9986	3	2
87	9986	9988	9989	9990	9992	9993	9994	2	1
88	9994	9995	9996	9997	9997	9998	9998	1	1
89	9998	9999	9999	*0000	*0000	*0000	*0000	0	0
90	1, 0000								
	60'	50'	40'	30'	20'	10'	0'	Grad	Mittlere Tafel-differenz

Cosinus.

Grad	0'　10'　20'	30'	40'　50'　60'		Mittlere Tafeldifferenz
0	0, 0000 0029 0058	0087	0116 0145 0175	89	29
1	0175 0204 0233	0262	0291 0320 0349	88	29
2	0349 0378 0407	0437	0466 0495 0524	87	29
3	0524 0553 0582	0612	0641 0670 0699	86	29
4	0699 0729 0758	0787	0816 0846 0875	85	29
5	0, 0875 0904 0934	0963	0992 1022 1051	84	29
6	1051 1080 1110	1139	1169 1198 1228	83	30
7	1228 1257 1287	1317	1346 1376 1405	82	30
8	1405 1435 1465	1495	1524 1554 1584	81	30
9	1584 1614 1644	1673	1703 1733 1763	80	30
10	0, 1763 1793 1823	1853	1883 1914 1944	79	30
11	1944 1974 2004	2035	2065 2095 2126	78	30
12	2126 2156 2186	2217	2247 2278 2309	77	30
13	2309 2339 2370	2401	2432 2462 2493	76	31
14	2493 2524 2555	2586	2617 2648 2679	75	31
15	0, 2679 2711 2742	2773	2805 2836 2867	74	31
16	2867 2899 2931	2962	2994 3026 3057	73	32
17	3057 3089 3121	3153	3185 3217 3249	72	32
18	3249 3281 3314	3346	3378 3411 3443	71	32
19	3443 3476 3508	3541	3574 3607 3640	70	33
20	0, 3640 3673 3706	3739	3772 3805 3839	69	33
21	3839 3872 3906	3939	3973 4006 4040	68	34
22	4040 4074 4108	4142	4176 4210 4245	67	34
23	4245 4279 4314	4348	4383 4417 4452	66	34
24	4452 4487 4522	4557	4592 4628 4663	65	35
25	0, 4663 4699 4734	4770	4806 4841 4877	64	36
26	4877 4913 4950	4986	5022 5059 5095	63	36
27	5095 5132 5169	5206	5243 5280 5317	62	37
28	5317 5354 5392	5430	5467 5505 5543	61	38
29	5543 5581 5619	5658	5696 5735 5774	60	38
30	0, 5774 5812 5851	5890	5930 5969 6009	59	39
31	6009 6048 6088	6128	6168 6208 6249	58	40
32	6249 6289 6330	6371	6412 6453 6494	57	41
33	6494 6536 6577	6619	6661 6703 6745	56	42
34	6745 6787 6830	6873	6916 6959 7002	55	43
35	0, 7002 7046 7089	7133	7177 7221 7265	54	44
36	7265 7310 7355	7400	7445 7490 7536	53	45
37	7536 7581 7627	7673	7720 7766 7813	52	46
38	7813 7860 7907	7954	8002 8050 8098	51	48
39	8098 8146 8195	8243	8292 8342 8391	50	49
40	0, 8391 8441 8491	8541	8591 8642 8693	49	50
41	8693 8744 8796	8847	8899 8952 9004	48	52
42	9004 9057 9110	9163	9217 9271 9325	47	54
43	9325 9380 9435	9490	9545 9601 9657	46	55
44	9657 9713 9770	9827	9884 9942 0000	45	57
45	1, 0000				
	60'　50'　40'	30'	20'　10'　0'	Grad	Mittlere Tafeldifferenz

Grad	0'	10'	20'	30'	40'	50'	60'		Mittlere Tafeldifferenz
45	1,000	1,006	1,012	1,018	1,024	1,030	1,036	44	6
46	1,036	1,042	1,048	1,054	1,060	1,066	1,072	43	6
47	1,072	1,079	1,085	1,091	1,098	1,104	1,111	42	6
48	1,111	1,117	1,124	1,130	1,137	1,144	1,150	41	6
49	1,150	1,157	1,164	1,171	1,178	1,185	1,192	40	7
50	1,192	1,199	1,206	1,213	1,220	1,228	1,235	39	7
51	1,235	1,242	1,250	1,257	1,265	1,272	1,280	38	8
52	1,280	1,288	1,295	1,303	1,311	1,319	1,327	37	8
53	1,327	1,335	1,343	1,351	1,360	1,368	1,376	36	8
54	1,376	1,385	1,393	1,402	1,411	1,419	1,428	35	9
55	1,428	1,437	1,446	1,455	1,464	1,473	1,483	34	9
56	1,483	1,492	1,501	1,511	1,520	1,530	1,540	33	10
57	1,540	1,550	1,560	1,570	1,580	1,590	1,600	32	10
58	1,600	1,611	1,621	1,632	1,643	1,653	1,664	31	11
59	1,664	1,675	1,686	1,698	1,709	1,720	1,732	30	11
60	1,732	1,744	1,756	1,767	1,780	1,792	1,804	29	12
61	1,804	1,816	1,829	1,842	1,855	1,868	1,881	28	13
62	1,881	1,894	1,907	1,921	1,935	1,949	1,963	27	14
63	1,963	1,977	1,991	2,006	2,020	2,035	2,050	26	14
64	2,050	2,066	2,081	2,097	2,112	2,128	2,145	25	16
65	2,145	2,161	2,177	2,194	2,211	2,229	2,246	24	17
66	2,246	2,264	2,282	2,300	2,318	2,337	2,356	23	18
67	2,356	2,375	2,394	2,414	2,434	2,455	2,475	22	20
68	2,475	2,496	2,517	2,539	2,560	2,583	2,605	21	22
69	2,605	2,628	2,651	2,675	2,699	2,723	2,747	20	24
70	2,747	2,773	2,798	2,824	2,850	2,877	2,904	19	26
71	2,904	2,932	2,960	2,989	3,018	3,047	3,078	18	29
72	3,078	3,108	3,140	3,172	3,204	3,237	3,271	17	32
73	3,271	3,305	3,340	3,376	3,412	3,450	3,487	16	36
74	3,487	3,526	3,566	3,606	3,647	3,689	3,732	15	41
75	3,732	3,776	3,821	3,867	3,914	3,962	4,011	14	46
76	4,011	4,061	4,113	4,165	4,219	4,275	4,331	13	53
77	4,331	4,390	4,449	4,511	4,574	4,638	4,705	12	62
78	4,705	4,773	4,843	4,915	4,989	5,066	5,145	11	73
79	5,145	5,226	5,309	5,396	5,485	5,576	5,671	10	88
80	5,671	5,769	5,871	5,976	6,084	6,197	6,314	9	
81	6,314	6,435	6,561	6,691	6,827	6,968	7,115	8	
82	7,115	7,269	7,429	7,596	7,770	7,953	8,144	7	
83	8,144	8,345	8,556	8,777	9,010	9,255	9,514	6	
84	9,514	9,788	10,078	10,385	10,712	11,059	11,430	5	
85	11,430	11,826	12,251	12,706	13,197	13,727	14,301	4	
86	14,301	14,924	15,605	16,350	17,169	18,075	19,081	3	
87	19,081	20,206	21,470	22,904	24,542	26,432	28,636	2	
88	28,636	31,242	34,368	38,188	42,964	49,104	57,290	1	
89	57,290	68,750	85,940	114,59	171,89	343,77	infinit.	0	
90	infinit.								
	60'	50'	40'	30'	20'	10'	0'	Grad	Mittlere Tafeldifferenz

Grad	Arcus	Grad	Arcus	Grad	Arcus	′	Arcus	″	Arcus
0	0,00 000	60	1,04 720	120	2,09 440	0	0,00 000	0	0,00 000
1	0,01 745	61	1,06 465	121	2,11 185	1	0,00 029	1	0,00 000
2	0,03 491	62	1,08 210	122	2,12 930	2	0,00 058	2	0,00 001
3	0,05 236	63	1,09 956	123	2,14 675	3	0,00 087	3	0,00 001
4	0,06 981	64	1,11 701	124	2,16 421	4	0,00 116	4	0,00 002
5	0,08 727	65	1,13 446	125	2,18 166	5	0,00 145	5	0,00 002
6	0,10 472	66	1,15 192	126	2,19 911	6	0,00 175	6	0,00 003
7	0,12 217	67	1,16 937	127	2,21 657	7	0,00 204	7	0,00 003
8	0,13 963	68	1,18 682	128	2,23 402	8	0,00 233	8	0,00 004
9	0,15 708	69	1,20 428	129	2,25 147	9	0,00 262	9	0,00 004
10	0,17 453	70	1,22 173	130	2,26 893	10	0,00 291	10	0,00 005
11	0,19 199	71	1,23 918	131	2,28 638	11	0,00 320	11	0,00 005
12	0,20 944	72	1,25 664	132	2,30 383	12	0,00 349	12	0,00 006
13	0,22 689	73	1,27 409	133	2,32 129	13	0,00 378	13	0,00 006
14	0,24 435	74	1,29 154	134	2,33 874	14	0,00 407	14	0,00 007
15	0,26 180	75	1,30 900	135	2,35 619	15	0,00 436	15	0,00 007
16	0,27 925	76	1,32 645	136	2,37 365	16	0,00 465	16	0,00 008
17	0,29 671	77	1,34 390	137	2,39 110	17	0,00 495	17	0,00 008
18	0,31 416	78	1,36 136	138	2,40 855	18	0,00 524	18	0,00 009
19	0,33 161	79	1,37 881	139	2,42 601	19	0,00 553	19	0,00 009
20	0,34 907	80	1,39 626	140	2,44 346	20	0,00 582	20	0,00 010
21	0,36 652	81	1,41 372	141	2,46 091	21	0,00 611	21	0,00 010
22	0,38 397	82	1,43 117	142	2,47 837	22	0,00 640	22	0,00 011
23	0,40 143	83	1,44 862	143	2,49 582	23	0,00 669	23	0,00 011
24	0,41 888	84	1,46 608	144	2,51 327	24	0,00 698	24	0,00 012
25	0,43 633	85	1,48 353	145	2,53 073	25	0,00 727	25	0,00 012
26	0,45 379	86	1,50 098	146	2,54 818	26	0,00 756	26	0,00 013
27	0,47 124	87	1,51 844	147	2,56 563	27	0,00 785	27	0,00 013
28	0,48 869	88	1,53 589	148	2,58 309	28	0,00 814	28	0,00 014
29	0,50 615	89	1,55 334	149	2,60 054	29	0,00 844	29	0,00 014
30	0,52 360	90	1,57 080	150	2,61 799	30	0,00 873	30	0,00 015
31	0,54 105	91	1,58 825	151	2,63 545	31	0,00 902	31	0,00 015
32	0,55 851	92	1,60 570	152	2,65 290	32	0,00 931	32	0,00 016
33	0,57 596	93	1,62 316	153	2,67 035	33	0,00 960	33	0,00 016
34	0,59 341	94	1,64 061	154	2,68 781	34	0,00 989	34	0,00 016
35	0,61 087	95	1,65 806	155	2,70 526	35	0,01 018	35	0,00 017
36	0,62 832	96	1,67 552	156	2,72 271	36	0,01 047	36	0,00 017
37	0,64 577	97	1,69 297	157	2,74 017	37	0,01 076	37	0,00 018
38	0,66 323	98	1,71 042	158	2,75 762	38	0,01 105	38	0,00 018
39	0,68 068	99	1,72 788	159	2,77 507	39	0,01 134	39	0,00 019
40	0,69 813	100	1,74 533	160	2,79 253	40	0,01 164	40	0,00 019
41	0,71 558	101	1,76 278	161	2,80 998	41	0,01 193	41	0,00 020
42	0,73 304	102	1,78 024	162	2,82 743	42	0,01 222	42	0,00 020
43	0,75 049	103	1,79 769	163	2,84 489	43	0,01 251	43	0,00 021
44	0,76 794	104	1,81 514	164	2,86 234	44	0,01 280	44	0,00 021
45	0,78 540	105	1,83 260	165	2,87 979	45	0,01 309	45	0,00 022
46	0,80 285	106	1,85 005	166	2,89 725	46	0,01 338	46	0,00 022
47	0,82 030	107	1,86 750	167	2,91 470	47	0,01 367	47	0,00 023
48	0,83 776	108	1,88 496	168	2,93 215	48	0,01 396	48	0,00 023
49	0,85 521	109	1,90 241	169	2,94 961	49	0,01 425	49	0,00 024
50	0,87 266	110	1,91 986	170	2,96 706	50	0,01 454	50	0,00 024
51	0,89 012	111	1,93 732	171	2,98 451	51	0,01 484	51	0,00 025
52	0,90 757	112	1,95 477	172	3,00 197	52	0,01 513	52	0,00 025
53	0,92 502	113	1,97 222	173	3,01 942	53	0,01 542	53	0,00 026
54	0,94 248	114	1,98 968	174	3,03 687	54	0,01 571	54	0,00 026
55	0,95 993	115	2,00 713	175	3,05 433	55	0,01 600	55	0,00 027
56	0,97 738	116	2,02 458	176	3,07 178	56	0,01 629	56	0,00 027
57	0,99 484	117	2,04 204	177	3,08 923	57	0,01 658	57	0,00 028
58	1,01 229	118	2,05 949	178	3,10 669	58	0,01 687	58	0,00 028
59	1,02 974	119	2,07 694	179	3,12 414	59	0,01 716	59	0,00 029

Sachverzeichnis.